Photoshop & Illustrator ✕ Adobe Firefly

北沢直樹　コネクリ　タマケン　パパ　著

"プロの現場"で使えるテクニック

ご注意
● 本書に登場するツールやURLの情報は2024年10月段階での情報に基づいて執筆されており、執筆以降に変更されている可能性があります。
● 本書の制作にあたっては正確な記述につとめましたが、著者や出版社のいずれも、本書の内容に関して何らかの保証をするものではなく、内容に関するいかなる運用結果についても一切の責任を負いません。あらかじめご了承ください。
● 本書中の会社名や商品名は、該当する各社の商標または登録商標です。本書中では™および®は省略させていただいております。

● 書籍のサポートサイト
書籍に関する訂正、追加情報は以下のWebサイトで更新させていただきます。
https://book.mynavi.jp/supportsite/detail/9784839987114.html

はじめに

　昨今、生成AI（人工知能）は文書作成やソフトウェア開発などさまざまなシーンで活用されていますが、自分には縁遠いツールだと感じる方もいるのではないでしょうか。また生成AIの不安要素を考えると、クリエイティブに活かすのは時期尚早だと考えている方も多いかもしれません。

　しかし、アドビが開発した生成AI「Adobe Firefly」（以下、Firefly）であれば、著作権に問題がない画像をAIのトレーニングに使っていることが明示されており、学習内容も継続的に改善されています。さらに商用利用も認められているほか、Adobe PhotoshopやAdobe Illustratorなどのアドビ製アプリにもツールの1つとして組み込まれています。

　Fireflyであれば、1枚の画像をイチから生成する使い方はもちろん、ベクター画像を生成する、手元にある写真を生成機能でレタッチする、生成機能でカラーバリエーションのサンプルを作り出すなど、生成AIの不安要素を回避しながらクリエイティブに活用することが可能です。

　本書では、IntroductionでFireflyの概要を解説し、以降のパートで「背景生成」「物体生成」「ロゴ生成」「カラバリ生成」「キャラクター生成」といったテーマにわけてFireflyの活用方法を解説します。また、最終章ではFirefly以外のAI機能を使いこなすテクニックについても触れています。この本で取り扱うテクニックが皆様の想像力を拡げたり、日々の作業の時間短縮に役立てたりと、お役に立てることを願っています。

2024年11月　著者一同

Contents

はじめに 003
本書の読み方 008

Introduction Fireflyっていったい何？　009

1. クリエイティブのための生成AI「Adobe Firefly」の概要 010
2. 各種アプリでのFireflyの基本的な使い方 018

Part 1 背景生成　025

1. プロンプトなしの「生成拡張」で画像を自然に引き延ばす 026
2. 新しい要素を追加しながら背景を自然に引き延ばす 028
3. 頭の一部が切れた人物写真を「生成拡張」で自然に修復 030
- Column 「生成拡張」と「コンテンツに応じた塗りつぶし」どう使い分けるのが正解？ 032
4. イラレの「生成パターン」を使って背景作成を時間短縮 034
- Column 効果的にプロンプトを入力するテクニックを知っておこう！ 038
5. シンプルな人物写真に好きな背景を合成する 040
6. 背景が真っ白な商品写真に凝った背景を生成する 042
7. 寝かせて撮った商品写真を正面から撮ったように見せる 044
8. 俯瞰で撮った料理写真に手軽に皿と背景を足す 046
9. 風景が水面に反射したような幻想的な景色を再現 048
- Column 「生成塗りつぶし」と「空を置き換え」空模様の調整にはどちらが便利？ 050

Part 2　物体生成　053

- 1　「生成塗りつぶし」で画質低下を防ぎつつオブジェクト生成 ……… 054
- 2　「生成塗りつぶし」で枯れた葉や花を蘇らせる ……… 056
- 3　「生成塗りつぶし」でいらないものを画像から消す ……… 058
- 4　複雑な背景の上にあるものを「生成塗りつぶし」で自然に削除 … 060
- 5　テイストの一貫性を保ってイラストを何枚も生成する ……… 062
- Column　「画像を生成」と「生成塗りつぶし」使える機能はまったく同じ？ ……… 064
- 6　「生成塗りつぶし」で洋服の模様を変える ……… 066
- 7　「参照画像」を使ってモデルの髪型をイメージどおりに ……… 070
- 8　「生成塗りつぶし」でオブジェクトと床の接地面を作る ……… 072
- 9　影のエフェクトを生成して明暗差を強調する ……… 074
- 10　玉ボケのエフェクトを生成して画像の雰囲気を変える ……… 076
- 11　かすれた線を生成してイラレのブラシとして活用 ……… 078
- Column　Fireflyと一緒にAdobe Stockも活用しよう！ ……… 084

Part 3 ロゴ生成 　　　087

1 　木のテクスチャを生成して文字を装飾する ……… 088
2 　「構成参照」を使って文字を加工する ……… 092
3 　「生成塗りつぶし」で砂の上に文字を生成 ……… 096
4 　「生成塗りつぶし」でeスポーツ風ロゴを作る ……… 098
5 　文字を含んだロゴを生成してRetypeでライブテキストに変換 ……… 101
6 　生成したロゴでモックアップを作成 ……… 104
7 　ガラスの反射を足してモックアップをよりリアルに ……… 108
Column 　画像の文字をライブテキストに変換しよう！ ……… 110

Part 4 カラバリ生成 　　　113

1 　「生成再配色」を使ってカラーバリエーションを生成する ……… 114
2 　「生成再配色」の生成結果を手動で微調整する ……… 120
3 　グラデーションの色味調整を「生成再配色」で時間短縮 ……… 122
4 　パターンの生成後全体の色味をまとめて変える ……… 124
5 　画像をベクター変換して配色を自由に変える ……… 126
6 　グレースケールのベクターを簡単な手順でカラー化する ……… 130

Part 5　キャラクター生成　　133

- 1　Fireflyを使ってキャラクターを作るメリット …… 134
- 2　Fireflyを使ったキャラクター生成の基本操作 …… 138
- 3　好みのキャラクターを作るために必ず知っておきたいテクニック …… 142
- 4　キャラクターをレタッチして理想の見た目に仕上げる …… 152
- Column　Adobe Expressを使ってデザインをもっと楽しもう！ …… 162

Part 6　Firefly以外のAI機能　　165

- 1　新機能「削除ツール」で周囲と馴染ませながらレタッチ …… 166
- 2　「オブジェクト選択ツール」でオブジェクトを素早く選択 …… 168
- 3　適用後に設定を再編集できる「スマートフィルター」を使いこなす …… 170
- 4　劣化を抑えながら画像の解像度を大きくする …… 172
- 5　「レイヤーを自動合成」で2枚の写真を自然に合成 …… 174
- 6　「空を置き換え」で空模様を簡単に差し替える …… 176
- 7　「空を置き換え」と一緒に周囲のトーンを調整してよりリアルに …… 178
- 8　AIを活用した調整機能「ニューラルフィルター」を使いこなす …… 180
- 9　「オブジェクトを一括選択」で複数のロゴマークを一括編集 …… 195

著者紹介 …… 198

📖 本書の読み方

本書では、主に以下のような構成でアドビ社のAI機能である「Firefly」の使い方を中心に解説しています。なお、書籍内の解説と画面写真の取得には1〜2章、6章でWindows、それ以外はMacを利用しています。

テーマ

これ以降のページで解説するテクニックのテーマです。

利用したツール

「Adobe Photoshop」「Adobe Illustrator」「Firefly Web アプリ」「Adobe Express」「Adobe Photoshopベータ版」のうち、どのツールを使ったテクニックかを表しています。

Adobe Photoshop / Adobe Illustrator / Firefly Webアプリ / Adobe Express / Adobe Photoshop ベータ版

Before

「操作解説」で解説している手順を適用する前の状態です。

After

「操作解説」で解説している手順をすべて適用した状態です。

操作解説

「Before」を「After」の状態にするまでの操作をステップに分けて解説しています。文章内の❶❷などの番号は、写真上の番号と連動しています。

Note

「操作解説」と合わせて知っておきたい補足情報です。

Introduction

Fireflyって
いったい何？

タマケン

がレクチャー！

Adobe Fireflyを写真編集やデザイン制作に活用するために、まずは基本的な知識を知っておきましょう。ここでは、機能の概要をはじめ、利用できる回数やプラン、著作権上の課題をクリアしているのかなど、必ず知っておきたい知識をまとめてお話しします。

Introduction 1

クリエイティブのための生成AI「Adobe Firefly」の概要

Fireflyっていったい何?

　Adobe Firefly(以降、Firefly)は、デザインソフトウェアの最大手であるアドビが開発した生成AI(人工知能)機能です。シンプルなプロンプト(生成したい画像の内容や構図、雰囲気などを指示するためのテキスト)の入力や簡単な操作だけで、魅力的な写真やイラストをイチから生成できるほか、手元にある画像の編集にもこの技術を活用できます。

　Fireflyは、専用のWebアプリ(以降、Firefly Webアプリ)で利用できるほか、Adobe Photoshop(以降、Photoshop)やAdobe Illustrator(以降、Illustrator)などのアドビ製ツールにも統合されている点が大きな魅力です。なお、Fireflyの機能を発展させるための学習には著作権侵害のリスクがないコンテンツが利用されているため、アドビは「Fireflyで生成された画像を商用利用できる」としています。

● **Fireflyを使ったイラスト生成例**

Beforeでは、Photoshopで簡単なプロンプトと効果(生成結果を調整するための設定項目。詳細はP146～147)を適用し、ビジュアルを生成しています。Afterでは、この上に新たな要素として本棚を追加しています。

バージョンアップの過程

　Fireflyは2023年3月に登場してから、すでに2回のモデルチェンジを行っています（2024年11月現在）。はじめの頃のモデルではうまく生成できなかった画像も、最新モデルではかなり高い品質で生成できます。今後も、モデルチェンジによってさらなる生成結果の向上が期待できるでしょう。

● Image 1 モデル

「Image 1」モデルは、主にリアルな画像生成を目的として開発されています。プロンプトに基づいて風景やポートレートを生成できましたが、生成画像のクオリティや細部の描写にはまだ改善の余地がありました。

● Image 2 モデル

「Image 2」モデルでは、全体的に生成結果の品質が向上し、特にイラストやデジタルアートの表現力が大幅に改善されました。モデルの改良により、さまざまなアートスタイルや技法を学習するようになり、その結果、アニメーションスタイルや絵画風、さらにはファンタジーやサイエンスフィクションまで、さまざまなスタイルのイラストも生成できるようになりました。

● Image 3 モデル

「Image 3」モデルは、これまでのモデルと比較して写真とイラスト両方の品質が大幅にパワーアップしています。特に、人間の肌や髪、目、手、体などの構造に関するデータが改良されたことで、リアルな人物画像を生成する精度が著しく向上しました。これまで表現が難しかった顔の表情や手指の形も、非常にリアルに再現できるようになっています。

Fireflyの主な機能

　Fireflyはアドビ製のさまざまなアプリに搭載されており、利用できる機能はアプリごとに異なります。ここでは「Photoshop」「Illustrator」「Firefly Webアプリ」「Adobe Express」で利用できる機能について解説し、以降のページでもこの4つのアプリでの使い方や特徴に触れていきます。

● 利用できる機能の詳細

テキストから画像生成

プロンプトでの指示や効果などの適用に従い、写真やイラストを生成できます。

生成塗りつぶし

画像に選択範囲を作成し、そこに新たな要素を追加したり、逆に不要な要素を削除したりできます。

生成塗りつぶし（シェイプ）

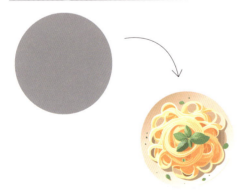

オブジェクトの形を保ったまま、プロンプトの指示や効果などの設定に従ってベクターを生成できます。

生成拡張

カンバスサイズを広げたときに、端側の足りない領域を生成できます。

テキスト効果を生成

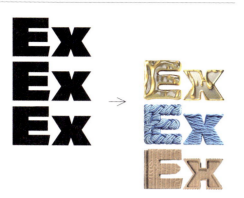

プロンプトによる指示や効果に従って、テキストの装飾を生成できます。

テンプレートを生成

プロンプトによる指示で、ポスターやチラシ、バナーなど、さまざまなデザインのテンプレートを生成できます。

生成ベクター

プロンプトによる指示や効果などの設定に従って、ベクターを生成できます。

生成パターン

プロンプトによる指示や効果などの設定に従い、ベクターを複数生成してパターンを作成できます。

生成再配色

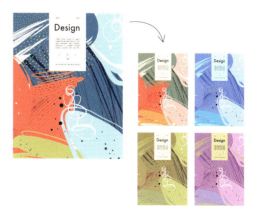

プロンプトによってイメージや色味を指定することで、配色を提案してくれます。

Firefly っていったい何？

契約ごとに異なる「生成クレジット」とは？

ユーザーの契約状況に応じてFireflyを利用できる回数に制限が設けられており、使った機能に応じて残数が減っていく仕組みになっています。その残数・消費数は「生成クレジット」と呼ばれており、保有しているクレジット数は契約プランによって異なるほか、プランに応じた残数に毎月リセットされます。

● クレジットの保有数と消費数（Creative Cloud 個人向けプラン）

契約プラン	クレジット数
コンプリートプラン（全アプリ使用可能なプラン）	1,000
単体プラン（Illustrator、InDesign、Photoshop、Premiere Pro、After Effects、Audition、Animate、Adobe Dreamweaver）	500
単体プラン（InCopy、Substance 3D Collection、Acrobat Pro）	25
Adobe Stock プラン	500
Adobe Express プレミアムプラン	250
Adobe Firefly プレミアムプラン	100
無料ユーザー	25

製品	機能	生成クレジットの使用
Adobe Express	生成塗りつぶし	1
	テキストから画像生成	1
	テンプレートを生成	1
	テキスト効果を生成	0（期間限定）
	ソーシャルメディアのキャプションを生成	1
Firefly Webアプリ	テキストから画像生成	1
	生成塗りつぶし	1
Firefly Apple Vision Pro 版	テキストから画像生成	0（期間限定）
Illustrator	生成ベクター（Beta）	1
	生成パターン	1
	生成再配色	1
Photoshop	生成塗りつぶし	1
	生成拡張	1
	参照画像（Beta）	1
	画像を生成（Beta）	1
	背景を生成（Beta）	1
	類似を生成（Beta）	1

左はクレジットの保有数、右は機能ごとの消費数（2024年10月現在）。ユーザーあたりの生成クレジットはCreative Cloud 個人向けプランのもので、教育機関やグループ、企業向けのプランでは内容が異なる場合があります。

● クレジットの残数確認が可能

クレジットの残数は、Firefly Webアプリの右上やCreative Cloudの右上にあるユーザーアイコンから確認できます。なお、生成クレジットは翌月以降に持ち越すことができず、毎月ユーザーごとに割り当てられた残数にリセットされます。

Fireflyを利用できるプラン

　Fireflyを利用するには、各種プランを契約する必要があります。まずFirefly単体プランの場合、無料プランとAdobe Fireflyプレミアムプラン（月額680円または年額6,780円）の2種類が用意されています。これを契約することで、Firefly WebアプリのほかPhotoshopやIllustratorなどの各種アプリで生成を行えます。また、Firefly単体のプラン以外にも、Creative Cloudの単体プランやコンプリートプランの一部としてFireflyを利用することが可能です。

● Firefly Webアプリでの利用料金

	無料プラン
料金	月額0円
概要	無料プランには毎月25の生成クレジットが含まれており、生成した画像には透かしが入ります。月間利用上限に達した場合は、クレジットがリセットされるまで待つか、有料プランへの切り替えが必要です。

	Adobe Fireflyプレミアムプラン
料金	月額680円または年額6,780円
概要	プレミアムプランの場合は毎月100の生成クレジットが提供され、ダウンロードした画像には透かしが入りません。月間利用上限に達した場合でも、1日あたり2回まで生成が可能です。

Adobe Fireflyプレミアムプランの契約時、Fireflyを使った生成機能に加えて、100GBのクラウドストレージ、Adobe Fonts無料プランも一緒に利用することが可能です。

● Photoshopの料金体系

上の図は、Photoshopを利用できる個人向けプランの一覧です。アプリによっては、単体プランに加えて、ほかのアプリと組み合わせて利用できるセットプランも用意されています。

使える言語

Fireflyのプロンプト入力機能は100以上の言語に対応しており、日本語も利用可能です。また、操作画面は20か国語以上に対応しており、幅広いユーザーが快適に利用できるよう工夫されています。

● Firefly Webアプリ

● Photoshop

各アプリで、日本語でのプロンプト入力に対応しています。ここで取り上げたFirefly Webアプリ、Photoshop以外のアドビ製ツールでも同様です。

生成できるサイズと解像度

PhotoshopやIllustratorでFireflyを利用する場合、各アプリで制作可能な大きさであればサイズの制限はなく、Firefly Webアプリでは「正方形1:1」「横3:4」「縦4:3」「ワイドスクリーン16:9」の4つからサイズを選ぶことができます。Adobe Expressではユーザーが画像自体の縦横比を設定できますが、Fireflyで作成できるのは正方形の画像のみとなっています。

ただし、これらのアプリを使って生成した画像自体の解像度は基本的に72pixel/inchです。Firefly Webアプリの場合は「アップスケール」という機能で高解像度の画像を出力することもできるので、気に入った生成結果ができあがったら試してみましょう。

● Firefly Webアプリでの対応サイズ

正方形	横2048px	縦2048px
横	横2304px	縦1792px
縦	横1792px	縦2304px
ワイドスクリーン	横2688px	縦1536px

さらに画像を拡大したり、背景を拡張したいときはPhotoshopを使って加工しましょう。

Fireflyは著作権の問題に向き合っている

　近年、AIを活用した画像生成サービスが数多く登場しており、誰でも簡単な操作で写真やイラストを作成できるようになりました。しかし、一部のサービスでは著作権で保護されたデータがAIの学習に使われているとして訴訟問題に発展する例もあり、学習データの適正な利用についての議論が盛んに行われています。

　一方、本書で紹介するFireflyは、著作権侵害のリスクがないAdobe Stockの画像や著作権が切れたコンテンツ、オープンライセンスのコンテンツなど、権利関係が明確なコンテンツのみを学習データとして利用しているとしています。そのため、プロのクリエイターやデザイナーも安心して利用可能です。

● 学習データの詳細

- ■「Adobe Stockの画像」を学習してるから安心
  └アドビがライセンスを取得した画像（エディトリアルを除く）
- ■「パブリックドメインの作品」を学習してるから安心
  └作者が没後70年以上経過した作品（日本の場合）
- ■「オープンライセンスの作品」を学習してるから安心
  └作者の定める規定により自由に使える作品

画像生成の学習データとしてAdobe Stockの画像が使用された場合、データを提供したクリエイターに報酬が還元されます。画像を提供したユーザーにも恩恵があるのが、ほかの生成AIと異なるポイントの1つです。

プロの現場でも使いみちはあるの？

　Fireflyを使うことで高品質な画像やイラストを生成できるので、プロのクリエイターが求める細かなディテールの描写やリアルな表現を実現できます。さらに、Fireflyの技術は画像編集時に不要なものをレタッチすることにも活用できるので、クリエイティブ作業全体をサポートしてくれることでしょう。

● クリエイターの困りごとを助けてくれる！

横長で撮影した画像を正方形で使うことになったけど、縦幅が足りていない…。

撮影するときにテーブルに花瓶を置けばよかった…。

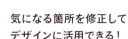
気になる箇所を修正してデザインに活用できる！

このように、Fireflyがクリエイターの困りごとを助けてくれます。なお、この例では元画像をPhotoshopの「生成拡張」で縦に拡張して、「生成塗りつぶし」でテーブルに花瓶をプラスしています。

Introduction 2

各種アプリでの
Fireflyの基本的な使い方

デスクトップ版Photoshopでの基本的な使い方

　デスクトップ版Photoshopで利用できるFireflyの機能は「テキストから画像生成」「生成拡張」「生成塗りつぶし」の3つです。ここでは、例として「テキストから画像生成」の基本的な使い方をお話しします。

● テキストから画像生成

① 例として、Photoshopの起動後に新規カンバスを作成した画面で使い方を説明します。まず、コンテキストタスクバー、ツールバー、「編集」メニューのいずれかから「画像を生成」を選択しましょう。

② 「画像を生成」のダイアログが開くので、テキストプロンプトボックス(テキストの入力欄)に生成したい画像のプロンプトを入力します。なお、ここでは「りんごとバナナ」と入力します。

 「画像を生成」ダイアログの右カラム「インスピレーションギャラリー」に並んだ各画像をクリックすると、その画像を生成する際に利用したプロンプトをそのまま利用・編集しつつ画像を生成できます。

❸ 「コンテンツタイプ」で選択したテイストで画像が生成されるので、「写真」と「アート」どちらかを選択しましょう。なお、ここでいう「アート」とはイラストを指しています。

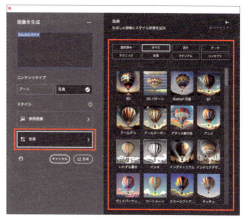

❹ ここでは簡単に説明しますが、「参照画像」からギャラリー画像を選んだり、自分で画像をアップロードしたりすることで、参照画像と似た配置で画像を生成することが可能です。なお、この設定項目を選ばずとも画像を生成することが可能です。

❺ 生成した画像の雰囲気を調整する「効果」を設定することもできます。なお、この設定項目を選ばずとも画像を生成することが可能です。

❻ あとは「生成」ボタンを押すだけで、プロパティパネルに3つのバリエーションが生成されます。もう一度「生成」ボタンをクリックすると、新たに3パターンを追加で生成してくれます。この画面でプロンプトを入れ直したり、参照画像や効果を新たに選択することも可能です。

019

デスクトップ版Illustratorでの基本的な使い方

デスクトップ版Illustratorで利用できるFireflyの機能は「生成ベクター」「生成塗りつぶし（シェイプ）」「生成パターン」「生成再配色」の4つです。ベクターグラフィックを作成できるアプリという性質上、Fireflyの機能や使い方はPhotoshopやFirefly Webアプリ、Adobe Expressと少し異なる部分があるのが特徴です。

● 生成ベクター

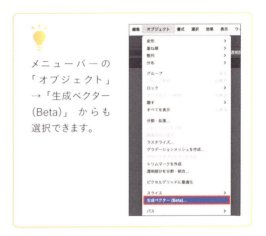

メニューバーの「オブジェクト」→「生成ベクター（Beta）」からも選択できます。

① Illustratorで新規ファイルを作成してFireflyを利用する場合、長方形ツールや円形ツールでシンプルな図形を作成します。このあと、コンテキストタスクバーから「生成ベクター（Beta）」ボタンをクリックしましょう。

② 生成したいベクターのプロンプトを入力したあと（この場合は「猫」）、歯車のマークをクリックしてダイアログを表示します。ここで「コンテンツの種類」「ディテール」「スタイル参照」「効果」「カラーとトーン」を設定可能です。たとえば「コンテンツの種類」では「被写体」「シーン」「アイコン」を選ぶことができ、どれを選ぶかで仕上がりのイメージが大きく変わります。

「生成ベクター（Beta）」ダイアログの右カラムにある「インスピレーションギャラリー」に並んだイメージをクリックするだけで、そのまま使用したり編集できるプロンプトが提供されています。また、「スタイル参照」は読み込んだ画像の構図を参照する機能、「効果」はフラットデザイン風、落書き風などのタッチを選べる機能、「カラーとトーン」は色数や使う色を指定できる機能です。「ディテール」スライダを使うと、これらを反映させる強度を設定できます。

③ 「生成」ボタンをクリックするとベクターが生成され、プロパティパネルに3つのバリエーションが表示されます。

● 生成塗りつぶし（シェイプ）

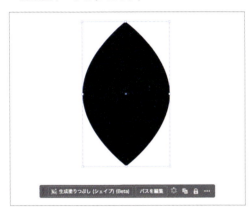

① 特定のオブジェクトを選択した状態で、コンテキストタスクバーから「生成塗りつぶし（シェイプ）（Beta）」ボタンをクリックします。

② テキストプロンプトボックスに生成したいベクターのプロンプトを入力します。ここでは「黄金の葉っぱ」と入力しました。

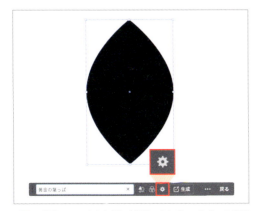

③ 歯車のマークから「生成塗りつぶし（シェイプ）」の設定画面を開くことができます。ここで「シェイプの強度」「ディテール」「スタイル参照」「効果」「カラーとトーン」といった機能を設定できます。

④ 「生成」ボタンをクリックすると、オブジェクトの形どおりにベクターが生成され、プロパティパネルに3つのバリエーションが表示されます。

Adobe Expressのログインと基本的な使い方

簡単な手順でSNS投稿用の画像やチラシなどを作成できるAdobe Expressでは、Fireflyによる「画像を生成」「生成塗りつぶし」「テキスト効果を生成」「テンプレートを生成」といった4つの機能を利用できます。ここではブラウザ版Adobe Expressを使い、ログイン方法から生成機能の使い方まで触れていきます。

● Adobe Expressの登録方法

① Adobe Expressを利用するためにはログインが必要です。Adobe Expressトップ画面の右上に表示される「ログイン」ボタンをクリックします。

② Adobeアカウントを登録済みの場合、メールアドレスとパスワードを入力してログインします。GoogleやLINEのアカウント、Apple IDでもログインできます。Adobeアカウントがない場合は「アカウントを作成」を選択します。

● テキストから画像生成

① Adobe Expressトップページのメニューから「生成AI」をクリックすると、「テキストから画像生成」項目が表示されます。ここに生成したい画像のプロンプトを入力しましょう。なお、ここでは「ピンクのガーベラ」と入力します。

② 画面が切り替わり、左のメニューに4つの生成結果が表示されます。この画面では、プロンプトの入力に加えて「参照画像」や「コンテンツタイプ」「スタイル」を設定して再度生成することも可能です。

③ 生成した画像の右上にある「×」ボタンを押すと、テンプレートを適用したり、テキストや画像を挿入できる編集画面に移動できます。

● 生成塗りつぶし

① Adobe Expressで画像を選択すると表示されるメニューの「オブジェクトを削除」と「オブジェクトを挿入」が生成塗りつぶし機能です。

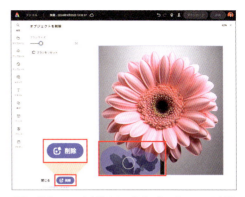

② 特定のものを削除したい場合は「オブジェクトを削除」を選んだあとにブラシで削除したいエリアをなぞって「削除」ボタンをクリックします。

③ オブジェクトが削除された3つのバリエーションが表示されます。

④ 特定のものを挿入したい場合は「オブジェクトを挿入」でプロンプトを入力し(ここでは「アゲハ蝶」と入力)、ブラシで挿入したいエリアをなぞって「挿入」ボタンをクリックします。

⑤ オブジェクトが挿入された3つのバリエーションが表示されます。

Firefly Webアプリのログインと基本的な使い方

　Firefly Webアプリでは「テキストから画像生成」「生成塗りつぶし」「生成拡張」といった機能を利用できます。Adobe Expressをはじめとするアドビ製ツールと同様、利用するにはAdobe IDやGoogleアカウントなどでのログインが必要ということを覚えておきましょう。

● テキストから画像生成

① まず、Firefly Webアプリのトップページを開きます。トップページを下にスクロールし、「テキストから画像生成」を開きます。次の画面でプロンプトを入力し、「生成」ボタンをクリックしましょう。

　Firefly Webアプリのトップページに表示される「Adobe Fireflyでクリエイティブに」という文章の下にあるテキストボックスでも同じ作業が行えます。

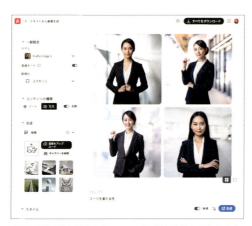

② 画面が切り替わり、4つの生成結果が表示されます。画像の上にマウスをホバーすると、ダウンロードしたり編集したりすることができます。

③ なお、左のメニューから「コンテンツの種類」や「参照画像」「スタイル」を設定して、もう一度生成することも可能です。

Part 1

背景生成

パパ

がレクチャー！

ここでは、まずFireflyを使って画像の背景を引き伸ばす方法をお話ししたあと、実際に写真編集やデザイン制作で活用しやすいテクニックについても解説します。この章のテクニックを知っておけば、頭が見切れた写真に髪を合成したり、食べ物の背景に皿を合成したりと、手元にある素材の「惜しい！」と感じた部分を手軽に修正できるでしょう。

Part 1

1 プロンプトなしの「生成拡張」で画像を自然に引き延ばす

Ps

Photoshopで Fireflyの「生成拡張」を使い、画像を自然に引き延ばすテクニックを解説します。これは「生成拡張」のもっとも基本的な使い方で、画像のサイズや比率を変更する際に非常に役に立つのでまずはじめに覚えておくとよいでしょう。

Before

After

1 カンバスサイズを広げる

Photoshopで画像を開き、ツールパネルから「切り抜きツール」を選択します❶。これを選択した状態だと、カンバスの端をドラッグすることでカンバスを広げることができ、今回は左側を伸ばします❷。

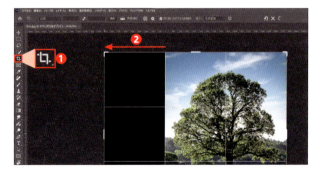

2 「生成拡張」を選択

コンテキストタスクバーから「生成拡張」をクリックします。すると、プロンプトを入力できるテキストボックスが表示されるので、なにも入力せずに「生成」をクリックしましょう。

③ 生成結果から選択

「生成拡張」の処理が終了すると3つのバリエーションが生成されるので、気に入ったものがあれば選択すれば完成です。もし気に入るものがなければ、プロパティパネル内の「生成」を選ぶとさらに3つ追加されます。

Note

「再生成」と「生成塗りつぶし」どちらを選ぶべき？

　背景を生成したとき、生成結果がもとの画像と明らかに馴染んでいないときは再度「生成」を押して新たに背景を生成するのがよいでしょう。一方、「生成結果は基本的に違和感がないものの、不要なオブジェクトまで生成されていた」という場合、「生成塗りつぶし」で修正するのも1つの手です。以下の画像では、背景を拡張した箇所に重機が生成されていたので、Fireflyの「生成塗りつぶし」機能を使ってレタッチしています。再生成するより早く生成されるので、結果的に時間短縮につながりました。

❶ 「ツールパネル」から「なげなわツール」を選択し、カンバスをフリーハンドでドラッグしてオブジェクトの選択範囲を作ります。

❷ コンテキストタスクバーから「生成塗りつぶし」を選択し、プロンプトは入力せずに「生成」をクリックします。

❸ すると、自然にオブジェクトが消えました。

Part 1

2 新しい要素を追加しながら背景を自然に引き延ばす

Ps

P026〜027のようにFireflyの「生成拡張」を使えば、プロンプトを入力せずとも自然に背景を引き延ばすことが可能です。もちろん、プロンプトを入力すれば新しい要素を追加しつつ背景を引き延ばせるので、ここで基本的な使い方を確認しておきましょう。

① 「切り抜きツール」を選択

背景を拡張したい画像をPhotoshopで開き、ツールパネルから「切り抜きツール」を選択します❶。ここではカンバスの境界線をドラッグして、カンバスの左側を広げます❷。

② 「生成拡張」を選択

コンテキストタスクバーから「生成拡張」をクリックすると、プロンプトを入力できるテキストボックスや「生成」ボタンが表示されます。今回はプロンプトに「石橋のかかった小川」と入力して「生成」をクリックします。

③ 生成結果から選択

「生成拡張」の処理が終了すると3つのバリエーションが生成されるので、気に入ったものがあれば選択しましょう。気に入るものがなければ、プロパティパネル内の「生成」を選ぶとさらに3つ追加されます。

④ 生成部分のディテールを上げる

生成された画像のサムネイル左上部分に「ディテールを向上」機能のアイコンが表示され、これを選択すれば完成です。

Note

「ディテールを向上」とは？

「生成拡張」や「生成塗りつぶし」で生成した箇所は解像感が低くなるケースがあります。そのような場合、Fireflyの新機能「ディテールを向上」を利用することで、生成部分の精細感が向上します。

Part 1

3 頭の一部が切れた人物写真を「生成拡張」で自然に修復 Ps

P026〜029では「生成拡張」を風景写真に活用しましたが、この機能を人物や動物の写真で活用することも可能です。実務でも使いやすいテクニックなので、ぜひ覚えておきましょう。

① カンバスを広げる

Photoshopで画像を開き、ツールパネルから「切り抜きツール」を選択します❶。この状態でカンバスの境界線をドラッグして、頭部全体が入りきるであろう部分までカンバスを広げます❷。

❷「生成拡張」を選択

コンテキストタスクバーから「生成拡張」を選択し、プロンプトは入力せずに「生成」をクリックします。

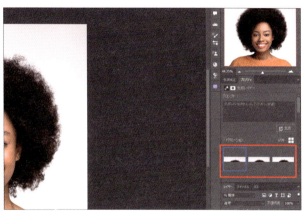

❸ 生成結果から選択

「生成拡張」の処理が終わると3つのバリエーションが生成され、プロパティパネルから確認して選ぶことができます。もし気に入るものがなければ、プロパティパネル内の「生成」を選ぶとさらに3つ追加されます。

Note

人物・動物の生成拡張時には注意が必要…

今回のように髪の毛を拡張する場合は自然に生成されることがほとんどです。ただし、腕や指、胴体などが選択範囲に含まれた状態で「生成拡張」を使うと、形状や長さに違和感が出ることもあるので注意しましょう。たとえば以下の画像の場合、胴体が少し細すぎる印象です。

Column

「生成拡張」と「コンテンツに応じた塗りつぶし」どう使い分けるのが正解？

「切り抜きツール」でカンバスを広げたとき、「生成拡張」以外にも「コンテンツに応じた塗りつぶし」という機能を選択することができます。これらは一見似た機能に見えますが、使ったときの結果に差が出るケースもあります。ここでは、機能の違いとシーンに応じた使い分けを学んでいきましょう。

「生成拡張」と「コンテンツに応じた塗りつぶし」を使った作例

　Photoshopの「切り抜きツール」でカンバスを広げるとき、オプションバーの「塗り」を「背景（デフォルト）」「生成拡張」「コンテンツに応じた塗りつぶし」の3種類から選ぶことが可能です。

　「背景（デフォルト）」はカンバスを拡張した部分になにも塗らずに拡張し、「生成拡張」は広げた部分のピクセルを生成して自然に画像を拡張します。そして「コンテンツに応じた塗りつぶし」は周囲の情報をコピーして自然に塗りつぶします。

「コンテンツに応じた塗りつぶし」と相性が悪い例

このように「生成拡張」と「コンテンツに応じた塗りつぶし」はどちらも似た機能ですが、「コンテンツに応じた塗りつぶし」は複雑な背景・複雑な形状の物を生成すると違和感のある仕上がりになるケースが多いでしょう。一方、「生成拡張」は拡張部分のピクセルをゼロから生成するので、複雑な背景でも非常に自然に生成できます。

2つの機能をどう使い分ける?

ここまでの結果を見ると、「生成拡張」のほうが画像を選ばずよい結果になりましたが、「生成拡張」は処理に時間がかかるのが欠点です。一方の「コンテンツに応じた塗りつぶし」は処理が速いので、シンプルな背景の画像では「コンテンツに応じた塗りつぶし」を使って素早く仕上げ、複雑な背景では「生成拡張」を使うとよいでしょう。

Part 1

4 イラレの「生成パターン」を使って背景作成を時間短縮 Ai

柄を敷き詰めたパターンをイチから作成するのは時間がかかりますが、Illustratorの「生成パターン (Beta)」を使えば簡単にパターンを生成できます。

※2024年10月現在 (Beta) となってますが、今後のアップデートでメニュー名や機能の一部に変更が生じる可能性があります。

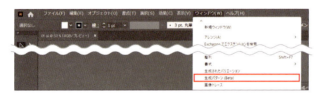

① 「生成パターン (Beta)」を表示

Illustratorで新規ドキュメントを作成し、メニューバーの「ウインドウ」→「生成パターン (Beta)」を選択します。

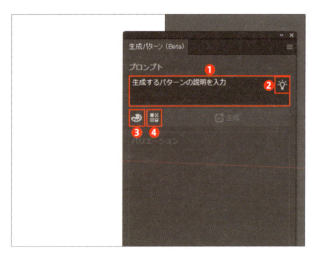

② パネルの使い方を確認

表示されたパネルを確認してみましょう。パネル上部ではプロンプトを入力でき❶、電球の形のアイコンをクリックするとサンプルプロンプトを確認できます❷。さらに、パレットの形のアイコンをクリックすると、生成するパターンの色味とトーンを指定できるほか❸、その横のアイコンでは生成結果のタッチや雰囲気を調整するための「効果」を選ぶことができます❹。

③ パターンを生成する

プロンプトを「シンプルなカラフルな音符と猫」として「生成」をクリックします。

④ 生成結果から1つを選択

3つのバリエーションが生成されるので、どれか1つを選びます。気に入ったものがなければ再度「生成」をクリックして再生成することも可能です。

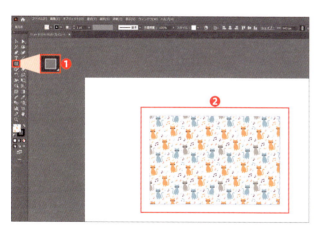

⑤ ほかの生成結果に変更①

1つを選んだあと、ほかのバリエーションに変更したいときは、ツールバーから「長方形ツール」を選択し❶、カンバスをドラッグして長方形を作ります❷。

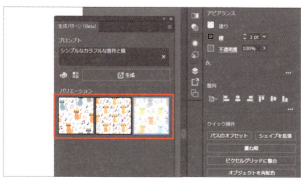

⑥ ほかの生成結果に変更②

生成された3つのバリエーションから別のパターンを選択すると、ドキュメント内のパターンも変化します。

🔍「パターン生成(Beta)」で活用できるプロンプト例

プロンプト カラフルで幾何学的なパターン
（効果：幾何学的・フラット）

プロンプト 植物や花をモチーフにしたナチュラルなパターン（効果：なし）

プロンプト シンプルなドットパターン
（効果：なし）

プロンプト ヴィンテージ感のある花柄のパターン
（効果：フラット）

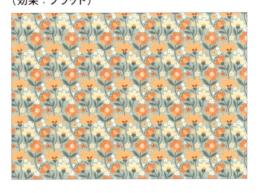

プロンプト 未来的で抽象的なパターン
（効果：落書き）

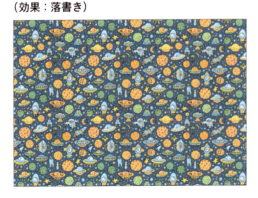

プロンプト 動物モチーフのパターン
（効果：なし）

プロンプト 波模様をベースにしたリラックス感のあるパターン（効果：なし）

プロンプト シンプルなストライプのパターン（効果：なし）

プロンプト 雪の結晶をモチーフにした冬らしいパターン（効果：幾何学的）

プロンプト ファッション向けのトロピカルなリーフパターン（効果：なし）

プロンプト 夜空をテーマにした星や月をモチーフにしたパターン（効果：なし）

プロンプト カラフルな水玉模様のパターン（効果：落書き）

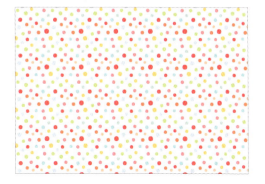

Column

効果的にプロンプトを入力するテクニックを知っておこう！

Fireflyでプロンプトを入力するとき、言葉選びのコツを押さえておくとイメージどおりに生成できる可能性が高まります。以下を意識していただくだけで得られる結果が変わってくるので、ぜひ試してみてください。

プロンプトは具体的に！

まず、プロンプトは明確かつ具体的な表現にしましょう。たとえば「テキストから画像生成」を利用する場合、もっとも重要なキーワード（例：シーンの場合は「窓際」、被写体の場合は「縞模様の猫」など）を文の先頭に配置して3つ以上の単語で記述するのが有効です。また文章で具体的に指示を出すのもおすすめです（例：窓辺に座って、街並みを眺めている猫）。ただし、アドビはプロンプトに「生成する」「作成する」という言葉を入力しないほうがよいと明示していることは覚えておきましょう。

ほかにも、画像全体の印象や雰囲気を左右する単語を入れるのも有効です。アドビは「心温まる画像を生成するには、『愛』、『優しい』、『遊び心のある』などの単語を使用し、インスピレーションを与える画像を生成するには、『力強い』、『強い』、『高揚させる』などの単語を使用します。」としています[※1]。

プロンプト
白い窓際に座り、
街並みを眺めている茶トラの猫

プロンプト
優しい光が差し込む朝のキッチンで、
愛らしい子猫がミルクを飲んでいる

※1　https://helpx.adobe.com/jp/firefly/using/tips-and-tricks.html

プロンプトの重要性を指示することも可能

　プロンプトがどれだけ重要かを指示することも可能です。たとえば、プロンプトの最後に[guidance = 25]のように入力することで、AIに対して「プロンプトにどれだけこだわるか」を指示することが可能です。数値は0〜25の範囲で指定でき、数値が大きいほどプロンプトが重要視されます。

　また[raw-style = True] と入力することで、プロンプトは保ったままに、より幻想的な雰囲気の画像を生成できることも知っておきましょう。

プロンプト 神秘的な光に包まれた若い女性 [guidance = 1]

プロンプト 神秘的な光に包まれた若い女性 [guidance = 25]

Part 1

5 シンプルな人物写真に好きな背景を合成する　Ps

ここでは、シンプルな人物写真に印象的な背景を生成する方法と、人物の周りに選択範囲を作る際のコツをお話しします。この方法で背景を合成すれば手間を最小限に抑えられるので、たとえばアーティストのCDジャケットやポスターなどを制作する際のアイディア出しに活躍します。

① 選択範囲を作る

Photoshopで画像を開き、ツールパネルから「クイック選択ツール」を選択します❶。オプションバーの「被写体を選択」横のプルダウンメニューを開き、デフォルトで「デバイス（高速）」になっているメニューを「クラウド（詳細な結果）」に変更します。このあと、「被写体を選択」をクリックすると❷人物の周りに選択範囲が作成されます。

❷ 選択範囲を反転

コンテキストタスクバーから「選択範囲を反転」アイコンをクリックし、選択範囲を反転させます。これで、人物以外の背景部分が選択された状態です。

❸ 「生成塗りつぶし」を実行

背景部分を選択している状態で、コンテキストタスクバーから「生成塗りつぶし」をクリックし、プロンプトに「飛び散る絵具　アートスティックな背景」と入力してから「生成」をクリックします。

❹ 生成結果から選択

生成した背景は3つのバリエーションがあり、プロパティパネルから確認して選ぶことができます。気に入らない場合はプロパティパネル内の「生成」をクリックして再度生成できます。

Note

「デバイス（高速）」「クラウド（詳細な結果）」とは？

　AI機能の1つである「被写体を選択」を利用するとき、詳細設定を「デバイス（高速）」と「クラウド（詳細な結果）」から選べます。デフォルトでは「デバイス（高速）」に設定されていますが、「クラウド（詳細な結果）」にすることでより精度の高い選択範囲を作れます。ただし、「クラウド（詳細な結果）」はネットワーク環境がないと使えません。なお、以下は両者で選択範囲を作成した際の違いを示したものです。

元画像

デバイス（高速）

クラウド（詳細な結果）

Part 1

6 背景が真っ白な商品写真に凝った背景を生成する

Ps

ここでは、背景が白い香水の写真に背景を生成して、実際に撮影するとコストや時間がかかりがちな商品画像を作ります。また、生成した画像の明るさが気になる場合の処理についても触れていきます。

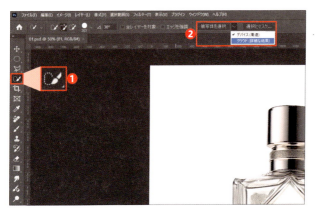

1 選択範囲を作る

Photoshopで画像を開き、ツールパネルから「クイック選択ツール」を選択します❶。するとオプションバーに「被写体を選択」と表示されます。「被写体を選択」横のプルダウンメニューを開き、「デバイス(高速)」を「クラウド(詳細な結果)」に変更してから「被写体を選択」をクリックします❷。

2 選択範囲を反転

「被写体を選択」で香水の選択範囲を作ったら、コンテキストタスクバーから「選択範囲を反転」アイコンをクリックします。これで香水以外の背景部分が選択された状態になりました。

③ 「生成塗りつぶし」を実行

背景部分を選択している状態で、コンテキストタスクバーから「生成塗りつぶし」をクリックし、プロンプトに「白い台　ピンクの花びらが落ちる　白い背景」と入力してから「生成」をクリックします。

④ 生成結果から選択

生成した背景は3つのバリエーションがあり、プロパティパネルから確認して選ぶことができます。気に入らなければプロパティパネル内の「生成」から再度生成することも可能です。

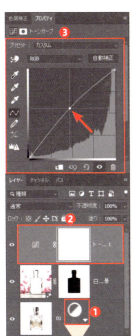

⑤ 調整レイヤーで明るく

生成した背景が少し暗く感じたので、「レイヤー」パネル下の「調整レイヤー」アイコンをクリックして❶トーンカーブを作成します❷。プロパティパネルからグラフ中央を少し上に上げ、全体を明るくします❸。

⑥ 背景だけに明るさを反映

クリッピングマスク（下のレイヤーの透明ピクセルを上のレイヤーのマスクにする機能）を適用し、背景にのみ調整レイヤーの効果を反映させます。[Mac：option、Windows：Alt]を押しながら両レイヤーの間を左クリックして、クリッピングマスクを適用しましょう。

Part 1

7 寝かせて撮った商品写真を 正面から撮ったように見せる

寝かせて撮った商品写真を、あとから立てて撮影したように見せるテクニックを紹介します。ポイントは、商品の底面に反射を入れ、寝かせて撮ったことで目立ってしまった瓶の空気をレタッチすること。今回は、香水の写真を例にレタッチしていきます。

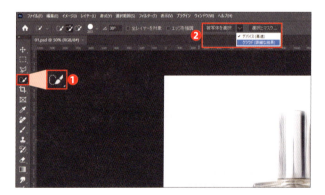

❶ 選択範囲を作る

Photoshopで画像を開き、ツールパネルから「クイック選択ツール」を選択します❶。オプションバーの「被写体を選択」横にあるプルダウンメニューが「デバイス(高速)」になっている場合は「クラウド(詳細な結果)」に変更してから「被写体を選択」をクリックします❷。

❷ 選択範囲を反転

「被写体を選択」で香水の周りに選択範囲を作ったら、コンテキストタスクバーから「選択範囲を反転」アイコンをクリックして選択範囲を反転させます。これで背景部分が選択された状態になりました。

③「生成塗りつぶし」を実行

背景部分を選択している状態で、コンテキストタスクバーから「生成塗りつぶし」をクリックします。プロンプトに「水面反射　シンプルなグラデーションの背景」と入力して「生成」をクリックしましょう。

④ 生成結果から選択

生成した背景は3つのバリエーションがあり、プロパティパネルから確認して選ぶことができます。気に入らない場合はプロパティパネル内の「生成」をクリックして再度生成することができます。

⑤ 香水の空気部分を選択

香水の瓶の中に入っている空気が気になるのでレタッチしていきます。ツールバーから「なげなわツール」を選択し❶、フリーハンドで空気の部分を囲んで選択範囲を作ります❷。

⑥ 不要な箇所を消す

コンテキストタスクバーから「生成塗りつぶし」を選択します。プロンプトは入力せずに「生成」をクリックすると空気が自然に消えました。

Part 1

8 俯瞰で撮った料理写真に手軽に皿と背景を足す

ここでは、スマホを使ってピザを撮った写真と皿を合成していきます。もちろん、ピザ以外にもさまざまな料理で同じテクニックを活用できますし、飲食店のWebサイトやチラシを制作する際などにとても便利です。

Before

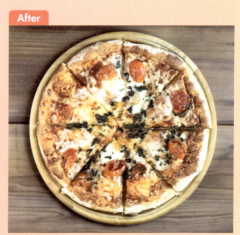
After

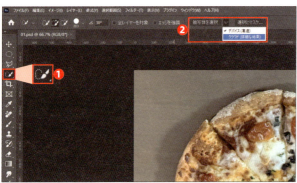

1 選択範囲を作る

スマホで撮影したピザの画像をPhotoshopで開き、ツールパネルから「クイック選択ツール」を選びます❶。オプションバーの「被写体を選択」横にあるプルダウンメニューを「クラウド（詳細な結果）」に変更してから「被写体を選択」をクリックします❷。

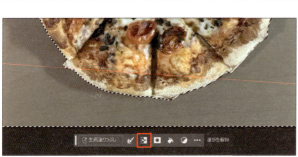

2 選択範囲を反転

ピザの周りに選択範囲を作ったら、コンテキストタスクバーから「選択範囲を反転」アイコンをクリックします。これで、ピザ以外の背景部分が選択された状態になりました。

③「生成塗りつぶし」を実行

背景部分を選択している状態で、コンテキストタスクバーから「生成塗りつぶし」をクリックし、プロンプトを「丸いまな板の上に乗ったピザ　木目のテーブル」と入力して「生成」をクリックします。

④ 生成結果から選択

生成した背景は3つのバリエーションがあり、プロパティパネルから確認して選ぶことができます。気に入らなければ、プロパティパネル内の「生成」から再度生成しましょう。

⑤ 画像を明るくする

ピザがもっとおいしく見えるようにレタッチをしていきます。まず「レイヤー」パネル下部にある調整レイヤーアイコンから「明るさ・コントラスト」を選び❶、プロパティパネルから明るさを30、コントラストを20にします❷。

⑥ 画像の彩度を上げる

「レイヤー」パネル下部にある調整レイヤーアイコンから「自然な彩度」を選び❶、プロパティパネルから「自然な彩度」を+30にして完成です❷。

Part 1 - 9

風景が水面に反射したような幻想的な景色を再現

「リフレクション（景色が水面に反射することで鏡写しのように見える表現）」は、レタッチでイチから再現しようと思うと時間がかかります。しかし「生成拡張」や「生成塗りつぶし」を使えば従来より簡単に作成できるので、表現の1つとして覚えておくとよいでしょう。

Before

After

❶ カンバスを広げる

Photoshopで画像を開き、ツールバーから「切り抜きツール」を選択します❶。カンバスをクリックすると白い枠で囲われるので、カンバス下部を下にドラッグします❷。

② 「生成拡張」で水面を作る

コンテキストタスクバーから「生成拡張」をクリックし、プロンプトに「水面反射」と入力して「生成」をクリックします。

③ 生成結果から選択

生成した背景は3つのバリエーションがあり、プロパティパネルから確認して選ぶことができます。気に入らなければ、プロパティパネル内の「生成」から再度生成することもできます。

Note

「生成塗りつぶし」でも水面反射を作れる

　画像によっては、「生成拡張」より「生成塗りつぶし」のほうが簡単に水面反射を作れるケースもあります。手順は、まず「長方形選択ツール」などで水面反射を作りたい部分に選択範囲を作ります。次に、コンテキストタスクバーから「生成塗りつぶし」をクリックし、プロンプトに「水面反射」と入力して「生成」をクリックするだけで完了です。

Column

「生成塗りつぶし」と「空を置き換え」空模様の調整にはどちらが便利？

写真に写った空模様をPhotoshopで置き換えたいときは、「生成塗りつぶし」のほかにもAIと機械学習を活用した「空を置き換え」機能を活用することも可能です。しかし、両者の機能になにか違いはあるのでしょうか？　ここで、「生成塗りつぶし」と「空の置き換え」それぞれの仕上がりを比較してみましょう。

「生成塗りつぶし」を使うとどうなる？

まずFireflyの「生成塗りつぶし」を使って、晴れた空を曇り空にした場合の生成結果を見てみましょう。ここでは空の選択範囲を作り、プロンプトに「曇り空」と入力して空を生成しましたが、空模様だけを置き換えたいのに山や電柱の形状まで変わってしまっているほか、空の表現にも違和感があります。「生成塗りつぶし」はとても便利な機能ですが、このように意図しない箇所まで変更されることがあるため注意が必要です。

❶ Photoshopで画像を開きます。

❷ メニューバーの「選択範囲」→「空を選択」で空の選択範囲を作ります。

❸ コンテキストタスクバーから「生成塗りつぶし」を選択し、プロンプトに「曇り空」と入力して「生成」ボタンを押します。

④ 3つのバリエーションが生成され、そのうちの1つを選びました。

「空の置き換え」を使うとどうなる？

「生成塗りつぶし」は画像内の指定した範囲にオブジェクトを生成する機能で、「空の置き換え」はプリセットもしくは自分で読み込んだ空模様を適用する機能です。「空の置き換え」にはアドビのAIおよび機械学習技術が活用されており、マスクの作成から合成、カラー調整を自動で行えます。生成結果を見てみると、「生成塗りつぶし」のように山や電柱の形状は変わっておらず、置き換えた空のトーンが周囲にも反映されています。空の置き換えに関してはこちらの機能を使うとよいでしょう。

① メニューバーの「編集」→「空の置き換え」を選択します。

051

❷ 「空」のプルダウンから曇り空を選んで「OK」を押せば置き換えは完了です。なお、このあと手動でカラーを馴染ませることも可能です。

Part 2

物体生成

パパ

がレクチャー！

画像内の任意の場所に新しいオブジェクトを生成できる「生成塗りつぶし」の基本操作をはじめ、この機能を応用した使い方も取り上げます。たとえばモデルが着ている洋服の模様を変える方法など、知っておけば実務で活用の幅が広がる使い方についてお話ししていきます。

Part 2

「生成塗りつぶし」で
画質低下を防ぎつつオブジェクト生成 Ps

「生成塗りつぶし」は、画像内の任意の場所に新しいオブジェクトを生成できるFireflyの代表的な機能です。ここでは、基本的な使い方と使いこなすためのテクニックを知っておきましょう。

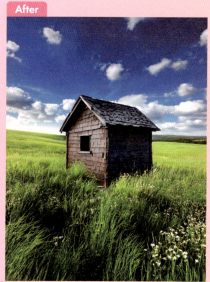

① 選択範囲を作る

Photoshopで画像を開き、ツールバーから「長方形選択ツール」を選択し❶、カンバス上をドラッグして選択範囲を作ります❷。このとき、選択範囲の形状によって生成されるオブジェクトの形状が変わってきます。

②「生成塗りつぶし」を実行

コンテキストタスクバーから「生成塗りつぶし」をクリックし、プロンプトに「小屋」と入力して「生成」をクリックします。

③ 生成結果から1つを選択

「生成塗りつぶし」の処理が終了すると、3つのバリエーションが生成されます❶。気に入ったものがなければ、プロパティパネル内の「生成」から再度生成することができます❷。

④ ディテールを向上させる

生成されたオブジェクトのサムネイル左上部にある「ディテールを向上」アイコンをクリックしたら完成です。

Note

選択範囲の形が変われば生成結果も変わる！

「生成塗りつぶし」で選択範囲を作る形状によって、生成されるオブジェクトの形も変わります。ただし、選択範囲が小さすぎたり選択範囲がいびつだったりすると、生成されるオブジェクトも不自然な形状になることがあるので注意しましょう。

Part 2

2 「生成塗りつぶし」で枯れた葉や花を蘇らせる

「生成塗りつぶし」を使えば、画像全体の雰囲気はそのままに、気になる箇所だけ表現を変えることが可能です。たとえば、花瓶に生けた花の弱々しい葉を蘇らせる、葉の落ちた木に葉を生やすといったことが可能です。ここでは、生成したオブジェクトをより自然に見せる方法も学んでいきましょう。

❶ 選択範囲を作る

Photoshopで画像を開き、ツールバーから「なげなわツール」を選択します❶。次に、木の枝をフリーハンドで囲って選択範囲を作ります❷。

❷ 「生成塗りつぶし」を実行

コンテキストタスクバーから「生成塗りつぶし」を選択し、プロンプトに「緑の木の葉」と入力して「生成」をクリックします。

③ 生成結果から1つを選択

「生成塗りつぶし」の処理が終了すると3つのバリエーションが生成されるので、気に入ったものがあれば選択しましょう。気に入ったものがなければプロパティパネル内の「生成」で再度生成することができます。

④ 影の選択範囲を作る

枝に葉がついたので、影がもとのままでは違和感があります。そこで、影も「生成塗りつぶし」で修正しましょう。まずツールバーから「なげなわツール」を選択し❶、雪に落ちている影の部分をフリーハンドで囲んで選択範囲を作ります❷。

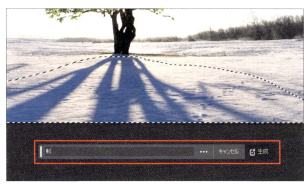

⑤ 「生成塗りつぶし」を実行

コンテキストタスクバーから「生成塗りつぶし」を選択し、プロンプトに「影」と入力して「生成」をクリックします。

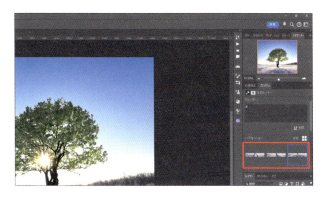

⑥ 生成結果から1つを選択

「生成塗りつぶし」の処理が終了すると3つのバリエーションが生成されるので、気に入ったものがあれば選択しましょう。気に入ったものがなければプロパティパネル内の「生成」で再度生成することができます。

Part 2

3 「生成塗りつぶし」でいらないものを画像から消す

ここまで、「生成塗りつぶし」を使ってオブジェクトを生成する作例を見てきましたが、画像内の不要なものを削除するときにも活用できます。ここで基本的な使い方を覚えておきましょう。

Before

After

❶ 選択範囲を作る

Photoshopで画像を開き、ツールバーから「なげなわツール」を選択します❶。次に、削除したいモノの周りをフリーハンドで囲んで選択範囲を作ります。このとき、選択範囲はやや大きめに余裕をもって作るのがポイントです❷。

❷ 「生成塗りつぶし」で削除

コンテキストタスクバーから「生成塗りつぶし」をクリックし、プロンプトは入力せずに「生成」をクリックします。

③ 生成結果から1つを選択

「生成塗りつぶし」の処理が終了すると3つのバリエーションで生成されるので、気に入ったものがあれば選択しましょう。気に入ったものがなければ、プロパティパネル内の「生成」で再度生成することができます。

④ 不要なものを再度削除

もしも「生成塗りつぶし」で削除した部分に不要なものが生成されてしまった場合、これも「生成塗りつぶし」で削除しましょう。再度「なげなわツール」で囲んで選択範囲を作ります。

⑤ 「生成塗りつぶし」で削除

コンテキストタスクバーから「生成塗りつぶし」をクリックし、プロンプトは入力せずに「生成」をクリックします。

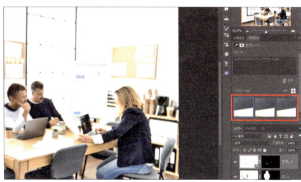

⑥ 生成結果から1つを選択

「生成塗りつぶし」の処理が終了すると、3つのバリエーションで生成されます。このように何度か「生成塗りつぶし」を重ねて適用することで、不要なものをきれいに消すことが可能です。

Part 2
4 複雑な背景の上にあるものを「生成塗りつぶし」で自然に削除

従来の方法では、複雑な背景の上にあるオブジェクトをレタッチで削除するのは難易度が高く、手間もかかっていました。しかし「生成塗りつぶし」を使うことで、簡単かつ自然に削除することができるようになりました。レタッチの例とともに、「コンテンツに応じた塗りつぶし」との使い分けについても見ていきましょう。

❶ 選択範囲を作る

Photoshopで画像を開き、ツールバーから「なげなわツール」を選択します❶。やや大きめに削除したいものの周りをフリーハンドで囲んで選択範囲を作ります❷。

❷「生成塗りつぶし」で削除

コンテキストタスクバーから「生成塗りつぶし」をクリックし、プロンプトは入力せずに「生成」をクリックします。

③ 生成結果から1つを選択

「生成塗りつぶし」の処理が終了すると3つのバリエーションで生成されるので、気に入ったものがあれば選択しましょう。気に入ったものがなければプロパティパネル内の「生成」で再度生成することができます。

Note

「コンテンツに応じた塗りつぶし」とはどう違う？

「生成塗りつぶし」に似た「コンテンツに応じた塗りつぶし」という機能がありますが、「コンテンツに応じた塗りつぶし」は複雑な背景の処理が苦手で、適用後に違和感が残ってしまうケースがあります。ただし、シンプルな背景であれば違和感なく削除することができるほか、処理速度が速いのも特徴です。シンプルな背景では「コンテンツに応じた塗りつぶし」を使い、それでもうまくいかない場合に「生成塗りつぶし」を使うのがおすすめです。

「コンテンツに応じた塗りつぶし」を使って鳥を消そうとしましたが、枝の描写に違和感が出てしまいました。

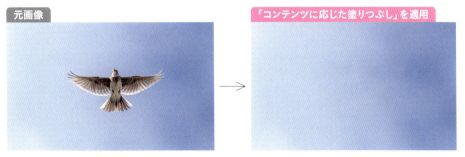

一方、シンプルな背景の画像であれば「コンテンツに応じた塗りつぶし」できれいに消えました。

Part 2 / 5

テイストの一貫性を保って
イラストを何枚も生成する

従来の生成AIは、一定のテイストを保ったまま複数の画像を生成することが不得意でした。一方、Fireflyによる画像生成では、複数の画像を生成する際に画像全体の雰囲気を制御できます。ここでは、Illustratorの「生成ベクター(Beta)」を使って具体的な使い方をお話ししていきます。

1 ダイアログを表示

ベースになるプロジェクトを開き、参照したい画像を挿入しておきます(今回はモノクロのぶどうの画像を参照します)。この状態で、コンテキストタスクバーから「生成ベクター(Beta)」をクリックしてダイアログを開きます。

2 「スタイル参照」で指定

ダイアログの「スタイル参照」から「アセットを選択」をクリックします。マウスカーソルがスポイトになるので、ぶどうの画像をクリックしましょう。

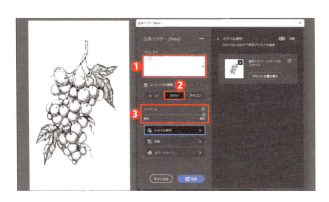

③ ベクターイラストを生成

プロンプトに「ピザ」と入力し❶、「コンテンツの種類」を「被写体」にして❷、「ディテール」のスライダを「最高」にして❸「生成」をクリックします。

④ 生成結果から1つを選択

生成の処理が終了したあと、プロパティパネルにある3つのバリエーションから1つを選択します。気に入ったものがなければ再度「生成」をクリックして再生成することも可能です。

⑤ 色やサイズを調整

プロパティパネルの「アピアランス」で、生成したピザのイラストの「塗り」をなし、「線」を白、線の太さを2pにします❶。ツールバーの「移動ツール」が選択されていることを確認し、生成したイラストの位置やサイズを調整します❷。

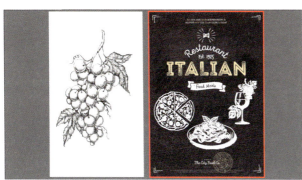

⑥ ほかのプロンプトで生成

同様に「スタイル参照」にぶどうの画像を指定し、❸のように「コンテンツの種類」「ディテール」を設定して「皿に盛られたパスタ」と「ワイン」をそれぞれ生成します。このあと❺の手順を繰り返せば完成です。

Column

「画像を生成」と「生成塗りつぶし」 使える機能はまったく同じ？

Fireflyの「テキストから画像を生成」と「生成塗りつぶし」はどちらも画像を生成する機能ですが、生成時のクオリティや細かい機能は異なります。ここでは、それぞれを使い分けるために知っておきたい知識とテクニックを解説していきます。

1枚の画像を生成するなら「テキストから画像を生成」

まず、「テキストから画像を生成」と「生成塗りつぶし」の基本機能について整理します。「テキストから画像を生成」は1枚の画像全体を生成する機能で、部分的に生成（画像上の特定の範囲を選択して生成）することはできません。一方の「生成塗りつぶし」は選択範囲を作った箇所に応じて生成できるほか、キャンバス全体を選択すれば1枚の画像を生成することも可能です。

しかし、生成した画像のクオリティを比べてみると「テキストから画像を生成」のほうが優秀なケースが多いです（2024年10月現在）。どちらも「プロンプトやプリセットの機能を設定することで画像を生成する」ことは共通なので混同しがちですが、1枚の画像を生成するときは「テキストから画像を生成」のほうがイメージどおりの結果を得やすいことは覚えておきましょう。

どちらも同じプロンプトで象を生成したところ、「テキストから画像を生成」のほうがクオリティが高いように感じます。

部分的な生成やレタッチには「生成塗りつぶし」

　先述のように「生成塗りつぶし」は選択範囲を作ることで部分的にオブジェクトを生成できる機能です。さらに、「テキストから画像を生成」にはなく「生成塗りつぶし」にある機能として「ディテールを向上」が挙げられます。「生成塗りつぶし」で生成した箇所は画質が低下するケースがありますが、この機能を使うことでシャープ感を足してディテールを強調することが可能です。

　また、「生成塗りつぶし」は新しくものを生成するほかに、不要なものを消したいときにも役立ちます。複雑な背景での修正は難しく、時間もかかりますが、「生成塗りつぶし」であれば自然に調整することが可能です（似た機能として挙げられる「コンテンツに応じた塗りつぶし」「パッチツール」を使うより優秀なケースが多いです）。このように、「生成塗りつぶし」はレタッチのツールとして実用的な機能であることも押さえておきましょう。

「生成塗りつぶし」は、レタッチツールの1つのような使い方ができるのが特徴です。これらは一部のオブジェクトを削除した例で、「コンテンツに応じた塗りつぶし」や「パッチツール」よりも「生成塗りつぶし」のほうが複雑な背景でも自然に削除することができます。

Part 2

6 「生成塗りつぶし」で洋服の模様を変える　Ps

Photoshopのベータ版では、「生成塗りつぶし」を実行する際に「参照画像」を指定できる機能が搭載されています。「参照画像」とは、読み込んだ画像の構図を生成結果に反映させることができる機能です。ここでは、「参照画像」を使って服の柄を変える方法をお話しします。

❶ 「クイック選択ツール」を選択

Photoshopで画像を開き、ツールバーから「クイック選択ツール」を選びます❶。オプションバーで、ブラシの直径を120px、硬さを100％にします❷。

❷ ワンピースの選択範囲を作る

ワンピースをドラッグして選択範囲を作ります。はみ出した場合は［Mac：option／Windows：Alt］を押しながらドラッグすることで選択範囲を縮小できます。

066

③「参照画像」を指定

コンテキストタスクバーから「生成塗りつぶし」を選択し、「参照画像」のアイコンをクリックして任意の画像を開きます❶。プロンプトに「花柄のワンピース」と入力して「生成」をクリックします❷。

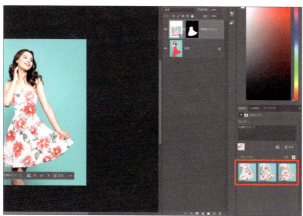

④ 生成結果から1つを選択

「生成塗りつぶし」の処理が終了すると3つのバリエーションが生成されるので、気に入ったものがあれば選択しましょう。気に入ったものがなければプロパティパネル内の「生成」で再度生成できます。

Note

「Photoshopベータ版」ってなに？

Photoshopに限らず、一部のアドビ製品には「ベータ版」というアプリが用意されており、正規版を使える契約をしていればインストール可能です。ベータ版は開発中の機能をいち早く使えるのが特徴で、ここで取り上げた「参照画像」も正規版には搭載されていません（2024年10月現在）。ただし、ベータ版はあくまでも正規版ではなく試用段階の状態なので、バグや気が付いた点などは積極的にフィードバックしましょう。

🔍 洋服の生成に活用できるプロンプト例

プロンプト ダマスク

プロンプト ペイズリー

プロンプト ストライプ

プロンプト チェック柄

プロンプト ドット柄

プロンプト タータン

プロンプト ギンガム 	プロンプト 花柄 
プロンプト ゼブラ柄 	プロンプト クリスマス 
プロンプト スパンコール 	プロンプト 迷彩 

Part 2 — 7

「参照画像」を使って モデルの髪型をイメージどおりに　Ps

Photoshopベータ版の「生成塗りつぶし」で「参照画像」を活用できる例をほかにも見てみましょう。ここでは、モデルの髪型を変える方法を解説していきます。

❶ 「ペンツール」を選択

Photoshopベータ版で画像を開き、ツールバーから「ペンツール」を選びます。

❷ 「ペンツール」でパスをひく

「ペンツール」は左クリックでアンカーポイントを打つことができ、ドラッグで曲線を作れます。クリックとドラッグを繰り返し、髪の外側に大きめにパスを引き、最初のアンカーポイントに戻りましょう。

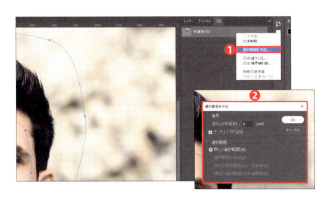

③ パスを選択範囲に変換

パスが引けたら「パス」パネルに移動し、作業用パスを右クリックして「選択範囲を作成」を選びます❶。表示されるダイアログの「ぼかしの半径」を0pixelにして「OK」を押すと、パスが選択範囲に変換されます❷。

④ 「参照画像」を指定する

コンテキストタスクバーから「生成塗りつぶし」を選択し、「参照画像」のアイコンをクリックして任意の画像を開きます❶。このあと、プロンプトに「ロングヘア」と入力して❷「生成」をクリックします。

⑤ 生成結果から1つを選択

「生成塗りつぶし」の処理が終了すると3つのバリエーションが生成されるので、気に入ったものがあれば選択しましょう。気に入ったものがなければプロパティパネル内の「生成」で再度生成することができます。

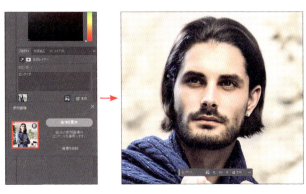

⑥ 「参照画像」を変更して生成

参照する画像を変更したい場合、プロパティパネル内の「参照画像」アイコンをクリックして画像を変更できます。そしてプロパティパネル内の「生成」をクリックすれば、「参照画像」を変更した状態で再生成を行えます。

Part 2
8
「生成塗りつぶし」で オブジェクトと床の接地面を作る

オブジェクトの底面に自然な影を追加することで、画像を合成した際に生じる違和感を軽減できます。ここでは「生成塗りつぶし」を使って、オブジェクトと床の接地面を作ってみます。

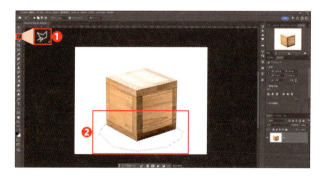

① 選択範囲を作る

Photoshopで画像を開き、ツールパネルから「多角形選択ツール」を選択し❶、木箱の下部に選択範囲を作ります❷。このとき、木箱に少しだけ選択範囲がかぶるように選択範囲を作っておくのがポイントです。

②「生成塗りつぶし」を実行

コンテキストタスクバーから「生成塗りつぶし」を選択し、プロンプトは入力せず「生成」をクリックしましょう。

③ 生成結果から1つを選択

「生成塗りつぶし」の処理が終了すると3つのバリエーションが生成されるので、気に入ったものがあれば選択します。気に入ったものがなければプロパティパネル内の「生成」で再度生成することができます。

Note

「接地面の処理」はさまざまなシーンで役に立つ！

今回のようにシンプルな白背景のほか、草原などの複雑な背景とオブジェクトを合成する際にもこのテクニックを活用できます。複雑な背景の場合、オブジェクトと床面の選択範囲を大きめに取ることでよい結果につながりやすくなるので覚えておきましょう。ただし選択範囲を大きく取ることで、もともとのオブジェクトのデザインや形状が変化しやすくなります。商品画像など、デザインや形状が変わってはいけないオブジェクトの場合は特に注意しましょう。

Part 2
9 影のエフェクトを生成して明暗差を強調する

影を生成することで写真の雰囲気を変えたり、見る人の目線を誘導したりできます。ここでは、Beforeの写真に光と影の演出を加えたことで、Afterではストーリー性が増しています。

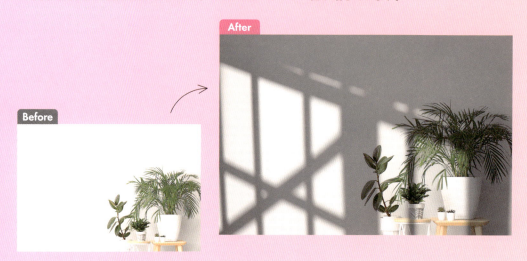

❶ カンバスを全選択

Photoshopで画像を開いて、[Mac：command＋A、Windows：Ctrl＋A]でカンバス全体を選択します。

❷ 「生成塗りつぶし」を実行

コンテキストタスクバーから「生成塗りつぶし」を選択し、プロンプトに「窓の影　白い背景」と入力して「生成」をクリックします。

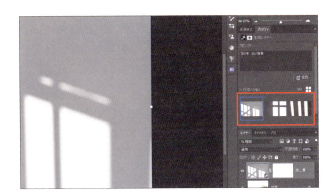

③ 生成結果から1つを選択

「生成塗りつぶし」の処理が終了すると3つのバリエーションが生成されるので、気に入ったものがあれば選択しましょう。気に入ったものがなければプロパティパネル内の「生成」で再度生成することができます。

④ 描画モードで影を合成

元画像に影だけを合成します。生成したレイヤーの描画モードを「乗算」に変更します。

⑤ 彩度を落とす

生成した影の画像に余計な色が入っていることがあるので、必要に応じて白黒にします。「レイヤー」パネル下の調整レイヤーアイコンをクリックし、調整レイヤーの「白黒」を選択します。

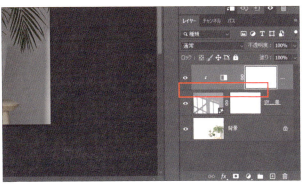

⑥ 影のレイヤーにだけ反映

影のレイヤーにのみ、先程の調整レイヤーを適用します。［Mac：option、Windows：Alt］を押しながら、調整レイヤーを影のレイヤーの上にドラッグ＆ドロップすると、クリッピングマスクを適用できます。

Part 2
10
玉ボケのエフェクトを生成して
画像の雰囲気を変える

パーティーシーンやイルミネーションなど、キラキラしたイメージの写真に玉ボケを加えることで、より きらびやかな雰囲気を強調できます。ここでは玉ボケの生成方法に加え、玉ボケをより使いやすくする 工程も一緒に学びましょう。

1 カンバスを全選択

画像を開き、[Mac：command＋A、Windows：Ctrl＋A]でカンバス全体を選択します。

2 「生成塗りつぶし」を実行

コンテキストタスクバーから「生成塗りつぶし」を選択し、プロンプトに「玉ボケ　黒い背景」と入力して「生成」をクリックします。

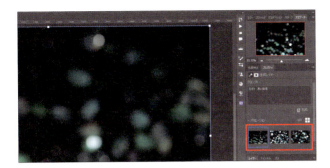

③ 生成結果から1つを選択

「生成塗りつぶし」の処理が終了すると3つのバリエーションが生成されるので、気に入ったものがあれば選択しましょう。気に入ったものがなければプロパティパネル内の「生成」で再度生成できます。

④ 玉ボケを合成

生成したレイヤーの描画モードを「スクリーン」にすることで、玉ボケだけが合成されます。

⑤ フィルターでボケ感を強調

ここからは、ボケ感を調整していきます。玉ボケのレイヤーを選択し、メニューバーの「フィルター」→「ぼかし(ガウス)」を選択します❶。半径を30pixelにして「OK」を押しましょう❷。

⑥ ボケの強さを再調整

生成レイヤーにかけたフィルターは「スマートフィルター」です。スマートフィルターは非破壊編集が可能で、元画像を上書きせずに(劣化させずに)何度も画像の内容を編集できます。スマートフィルターの「ぼかし(ガウス)」をダブルクリックすると再度調整できるので、気に入るまで調整してみましょう(ここでは半径を20Pixelにしています)。

Part 2

11

かすれた線を生成して
イラレのブラシとして活用

PhotoshopのFireflyで作成した画像をIllustratorのブラシに変換する方法を解説します。ひと手間加えるだけで凝った印象になるので、試してみるのがおすすめです。

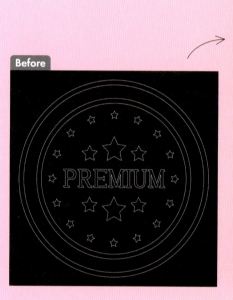

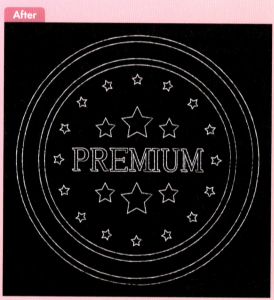

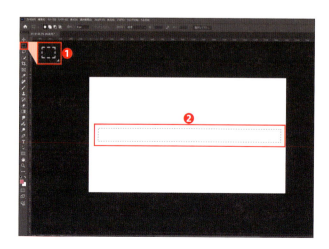

❶ 選択範囲を作る

まず、Photoshopを開きます。新規ドキュメントを作成し、ツールパネルから「長方形選択ツール」を選択します❶。カンバス上をドラッグし、細長い長方形の選択範囲を作ります❷。

2 ブラシの形状を作る

コンテキストタスクバーから「生成塗りつぶし」を選択し①、プロンプトに「チョークで書いた直線　白黒」と入力して「生成」をクリックします②。

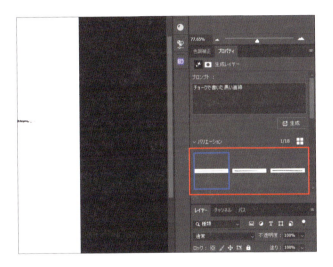

3 線の形状を選ぶ

生成された3つのうち1つを選択します。気に入ったものがなければ再度「生成」をクリックして再生成します。

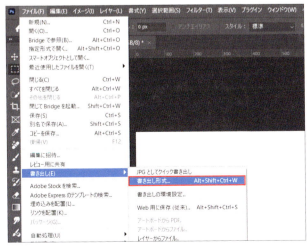

4 書き出しダイアログを表示

ブラシの形状が決まったら、画像として書き出します。メニューバーの「ファイル」→「書き出し」→「書き出し形式」を選択し、ダイアログを表示します。

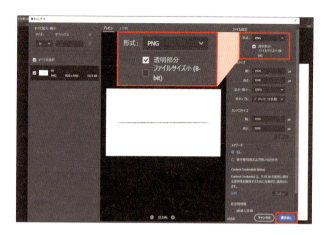

❺ 設定を変更して書き出す

「形式」欄を「PNG」にしたあと「透明部分」にチェックを付け、「書き出し」をクリックして任意のフォルダに保存します。

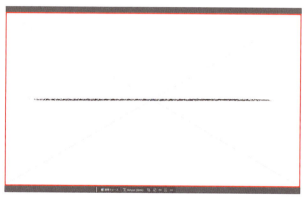

❻ Illustratorで画像を配置

次に、Illustratorでブラシを作ります。Illustratorを起動したあと新規ドキュメントを作り、カンバスに先ほどの画像を配置します。

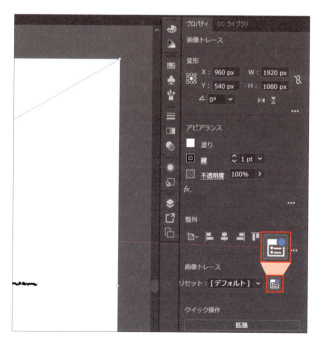

❼「画像トレース」を表示

画像を選択した状態で、メニューバーの「オブジェクト」→「画像トレース」→「作成」を選びます。このあとオプションバーから「画像トレース」をクリックし、プロパティパネルから詳細設定アイコンをクリックします。

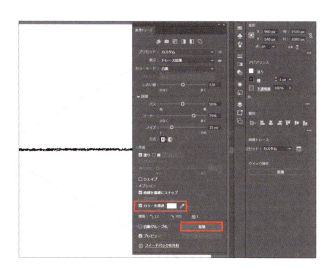

8 オプションを設定

「画像トレース」パネルが表示されます。「カラーを透過」にチェックを入れ、カラーパネルから「#ffffff」を選んで「拡張」をクリックします。

9 ブラシパネルを表示

メニューバーの「ウインドウ」→「ブラシ」を選択し、「ブラシ」パネルを表示させます。

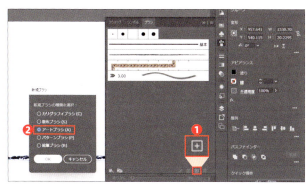

10 オプションを表示

「ブラシ」パネル下にあるアイコンをクリックし、新規ブラシを作成します❶。これをクリックするとダイアログが表示されるので「アートブラシ」を選択したあと「OK」を押しましょう❷。

11 オプションを設定

「アートブラシオプション」画面が表れます。「名前」欄に名前を入力し❶、「ブラシ伸縮オプション」欄を「ストロークの長さに合わせて伸縮」にチェックを入れたあと❷、「着色」欄の「方式」を「明清色」にして❸「OK」を押しましょう。

12 アートブラシを使う①

ここからは、作ったアートブラシを実際に使う方法をお話しします。まず、ブラシを作ったドキュメント（ドキュメントA）を開いた状態で、アートブラシを使いたいドキュメント（ドキュメントB）を開きます。

13 アートブラシを使う②

ドキュメントBを［Mac：command＋A、Windows：Ctrl＋A］で全選択し、［Mac：command＋C、Windows：Ctrl＋C］でコピーします。次に、［Mac：command＋V、Windows：Ctrl＋V］でドキュメントAに貼り付けます。

⓮ アートブラシを使う③

ツールパネルから「移動ツール」が選択されているのを確認します。次に、一度なにもない部分をクリックして選択を外したあと、再度オブジェクトBのみをクリックして選択します。

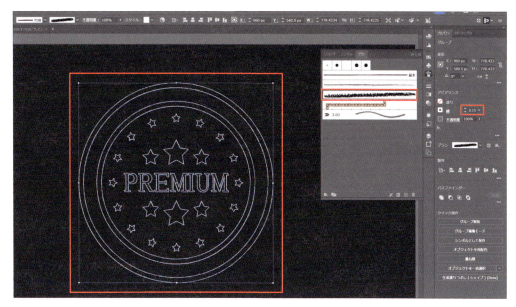

⓯ アートブラシを使う④

先ほど制作したアートブラシをブラシパネルから選択すると、ドキュメントBの線が変わります。なお、ここではプロパティパネルから線の太さを「0.15」に設定しています。

Column

Fireflyと一緒に
Adobe Stockも活用しよう！

Fireflyによって表現の幅を広げられる可能性をご理解いただけたと思いますが、やりたいことがあっても生成がうまくいかないこともあるかもしれません。このようなとき、Adobe Stockで素材を用意するのもおすすめです。ここでは、Adobe Stockの概要から素材の検索方法、ダウンロードしておくと便利な素材について解説していきます。

Adobe Stockとは？

　Adobe Stockは、アドビが運営するストックサービスで、写真やベクター画像、イラスト、Illustratorなどのアプリで利用できるテンプレート、動画素材などが合計3億点以上も公開されています。有料素材に加えて無料素材も数多く公開されており、無料のものはAdobe IDさえあれば誰でも利用可能です。

　料金形態としては、素材単体のクレジット販売のほか、サブスクリプション形式が用意されています。たとえば年間払いで1カ月あたり3,828円のプランでは、通常ライセンス素材10点（/1カ月）またはビデオ1本（/1カ月）を利用可能。これ以外にも、複数のプランが用意されています。

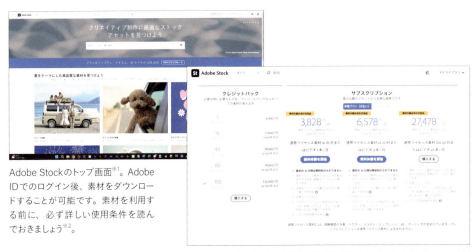

Adobe Stockのトップ画面※1。Adobe IDでのログイン後、素材をダウンロードすることが可能です。素材を利用する前に、必ず詳しい使用条件を読んでおきましょう※2。

Adobe Stockの料金表（個人／年間プラン）。サブスクリプションは年額プランのほか月額プランも用意されています。また、利用したい素材の数やAdobe Stockの利用頻度に応じて、適宜クレジットパックを利用しましょう。

※1　https://stock.adobe.com/jp/
※2　https://stock.adobe.com/jp/enterprise-conditions

Adobe Stockの使い方

　Adobe Stockは検索性にも優れており、膨大な数の素材から欲しい素材を見つけやすくなっています。たとえば画像を検索する場合、アセットタイプ（「画像」「ビデオ」などの種類）やサイズ、素材の向き、背景（「透明」「単色の背景」）といった基本的な項目のほか、使用頻度の低いコンテンツを検索結果に表示する、被写界深度や色の鮮やかさを設定して検索するなどの機能も用意されています。なお、以下ではスポーツジムのWebサイトのキービジュアルに使う無料素材（人物が写った写真）を探してみたいと思います。

❶ Adobe Stockを開き、検索窓の左のプルダウンから「無料素材」に変更し、検索窓に「スポーツジム」と入力して検索します。

❷ 左のメニューからアセットタイプ（素材の種類）やサブカテゴリー（画像の場合は写真、イラスト、ベクター）などの項目を選択して、結果を絞り込むことが可能です。

❸ 「生成AI」欄で、生成AIで作られた画像を検索結果に含むかどうかを選択できます。ここでは、「生成AI画像を除外」を選んでいます。

❹ 「アーティスト」で「自国のアーティスト」にチェックを入れると、ユーザーが住んでいる国のアーティストが撮影した素材が表示されます。ここでは、これにチェックを入れています。

❺ 「人物」欄で「人物を含む」を選択して、背景のみの画像を除外します。

❻ 最終的にはこの画像を選びました。このように膨大な数の画像素材からイメージに近い画像を探すためにさまざまなフィルターが用意されています。活用して素材探しの時間を短縮しましょう。

使い勝手がいいのはどんな素材？

Adobe Stockには膨大な数の素材が用意されています。ここでは、画像編集やデザイン制作で特に役立つ画像素材をピックアップし、その使い道についてお話しします。

① エフェクト

P072〜077でお話ししたように、玉ボケや影といったエフェクトを活用することで写真の印象を簡単に変えることができます。このような画像を自分で生成するのはもちろん、Adobe Stockで好みにぴったり合う素材を探すのも1つの手でしょう。Adobe Stockの検索ボックスで「炎」「光」「水しぶき」「パーティクル」などと入力して素材を探し、まずは無料素材のなかからいくつかダウンロードして使ってみましょう。

② テクスチャ

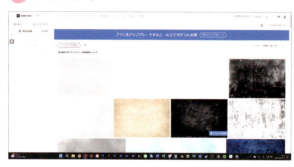

エフェクトと同様、さまざまなシーンで使える万能な素材が「紙」「コンクリート」「砂」「ひび」「錆」「木目」「壁紙」などのテクスチャです。P088〜091のようなテキストの装飾をはじめ、バナー背景への流用や3Dテクスチャとしての利用など幅広く使えるので、いくつか用意しておくと便利でしょう。

③ 背景がシンプルな画像

Photoshopなどのアドビ製ツールには画像を切り抜くための強力なツールが用意されていますが、背景が複雑なものは切り抜く難易度がぐっと上がります。逆に背景がシンプルな物であれば比較的簡単に切り抜けるので、背景が真っ白だったり無地だったりする画像を選んで使うのがおすすめです。

Part 3

ロゴ生成

コネクリ

がレクチャー！

この章では、ロゴマークの生成やテキスト加工、モックアップなどロゴに関連するFireflyの使い方を紹介します。Photoshop、Illustrator、Firefly WebアプリといったそれぞれのアプリでのFireflyの特徴を押さえて、ロゴのアイディア出しや制作工程の時間短縮につなげましょう。

Part 3

木のテクスチャを生成して文字を装飾する

Photoshopで木のテクスチャを生成して文字を装飾します。テクスチャを文字と組み合わせたあと、レイヤースタイルを加えることで立体感のあるロゴ風に加工します。木のテクスチャを石や金などに変えることで、デザインのトンマナに合わせて応用することが可能です。

❶ 文字を配置

Photoshopで木の写真を「bg」というレイヤー名で配置し、その上に「WOOD TEXTURE」という文字を配置します。

❷ 木のテクスチャを生成

テキストと合成するための木のテクスチャを生成します。ツールバー下部の「画像を生成」を選択し❶、「画像を生成」ダイアログでプロンプトを「明るい色の木、テクスチャ」と入力したあと❷、「コンテンツタイプ：写真」を選択❸して生成します。このあと、「プロパティ」パネルのバリエーションからイメージに近い候補を選択しましょう。

088

③ 木のテクスチャを文字に適用

木のテクスチャをマスクで文字に適用します。「レイヤー」パネルで、生成レイヤーを「WOOD TEXTURE」レイヤーにクリッピング（この場合、文字レイヤーの透明部分を生成レイヤーのマスクとして機能させること。2つのレイヤーの間を[Mac：Option+左クリック／Win：Alt+左クリック]）します。

④ 文字に影を追加

レイヤースタイルで文字を加工します。「レイヤー」パネルで「WOOD TEXTURE」レイヤーを選択し❶、下部の「レイヤースタイルを追加」から「ドロップシャドウ」を選択します❷。「レイヤースタイル」ダイアログで、ドロップシャドウを図のように設定します。

※❹❺❻のレイヤースタイルの値は、文字サイズにより適宜ご変更ください。

- 描画モード：通常　#000000
- 不透明度：100%　● 角度：120°　● 距離：40px
- スプレッド：20%　● サイズ：30px

⑤ 文字に立体感を追加

続けて、文字のフチ部分を加工します。「レイヤースタイル」ダイアログで「ベベルとエンボス」を選択して図のように設定します。

- スタイル：ベベル（内側）　● テクニック：滑らかに　● 深さ：1000%　● 方向：上へ　● サイズ：10px　● ソフト：0px
- 角度：120°　● 高度：30°　● 光沢輪郭：線形　● ハイライトのモード：オーバーレイ　#ffffff　不透明度：100%　● シャドウのモード：乗算　#cba17d　不透明度：100%

⑥ 文字に境界を追加

このあと、「レイヤースタイル」ダイアログのサイドバーで「境界線」を選択して、図のように設定したら完成です。この設定を適用することで、文字のうしろから光が当たったような印象になり、テキストがより目立ちます。

- サイズ：4px　● 位置：内側　● 描画モード：オーバーレイ
- 不透明度：40%　● オーバープリントにチェック
- 塗りつぶしタイプ：カラー　● カラー：#ffffff

テクスチャを使った文字加工の作例

プロンプト
シンプルな明るい金のグラデーション、テクスチャ

プロンプト
銀箔、テクスチャ

プロンプト
コンクリートの壁、テクスチャ

プロンプト
レンガ、テクスチャ

プロンプト
グレーの鉄、テクスチャ

プロンプト
ホログラム、グリッター

| プロンプト | 無地のクラフト紙、テクスチャ |

| プロンプト | コルクボード、テクスチャ、全面 |

| プロンプト | 無地の茶色の革、テクスチャ |

| プロンプト | 羊皮紙、テクスチャ、全面 |

| プロンプト | デニム、テクスチャ、全面 |

| プロンプト | タオル、テクスチャ、全面 |

Part 3 ロゴ生成

Part 3

2 「構成参照」を使って文字を加工する

Firefly Webアプリの「構成参照」機能を使って文字を装飾します。「構成参照」とは、画像の構図を参照して生成結果に反映する機能です。この機能とプロンプトを組み合わせるだけで、元画像の構図を参照しながら簡単にバリエーションを生み出せます。

Before

After

1 ページを開く

Firefly Webアプリで「テキストから画像生成」ページを開きます。

※Firefly Webアプリのサイドメニューでは「合成」という記載になっていますが、今回はこの一連の流れを「構成参照」と呼びます。

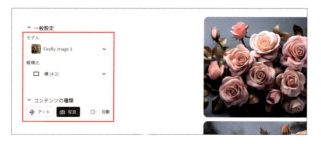

2 設定を変更

参照画像を設定して、読み込んだ画像を踏襲した文字を生成します。まず、サイドメニューの設定を「モデル：Firefly Image3」「縦横比：横（4:3）」「コンテンツの種類：写真」にします。

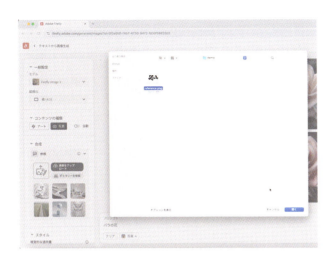

③ 参照画像を選択

続けて「合成」の「画像をアップロード」を選択し、参照したい画像を選択して開きます。今回は白地に黒い文字で作成した画像を選んでいます。

④ 細かい設定を行って生成

続けて、強度を最大に❶、プロンプトを「金のバルーン、シンプルな黒い背景、俯瞰」と入力して❷「生成」ボタンを押します。

> 💡 構成参照を使った文字の生成は「強度」の設定が重要です。「強度」を最大にすることで、文字の形状がきちんと反映されます。

⑤ 生成結果から選択

金のバルーン文字が4つ生成されました。各画像をクリックすると大きいサイズで確認できるので、それぞれを見比べて好みのものを選びましょう。

🔍 「構成参照」を使った文字加工の作例

プロンプト
グミ、シンプルな白い背景、俯瞰

プロンプト
チョコレート、シンプルな白い背景、俯瞰

プロンプト
クッキー、シンプルな白い背景、俯瞰

プロンプト
金、シンプルな白い背景、俯瞰

プロンプト
古いレンガ、シンプルな白い背景、俯瞰

プロンプト
板、シンプルな白い背景、俯瞰

プロンプト
炎、シンプルな黒い背景

プロンプト
煙、シンプルな黒い背景

プロンプト
水、シンプルな黒い背景

プロンプト
グラフィティ、壁

プロンプト
ペン画、白い紙

プロンプト
水彩画、白い紙

Part 3 ロゴ生成

095

Part 3

3 「生成塗りつぶし」で砂の上に文字を生成 Ps

Photoshopの「生成塗りつぶし」は、作成した選択範囲の形状に合わせてオブジェクトを生成する機能です。今回は文字の形で選択範囲を作成し、「生成塗りつぶし」を使って背景のテクスチャになじむ文字を生成します。

① 基本情報

砂の写真を「bg」というレイヤー名で配置し、その上に「SAND」というレイヤー名で文字を配置します。

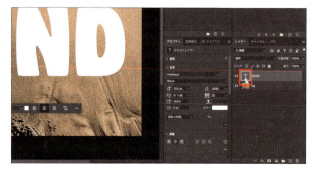

② 文字の形状の選択範囲を作成①

「レイヤー」パネルで［Mac：command／Win：Ctrl］キーを押しながら、「SAND」レイヤーのレイヤーサムネイルをクリックして、文字の形状の選択範囲を作成します。

③ 文字の形状の選択範囲を作成②

選択範囲を作成後、「SAND」レイヤーは非表示にします❶。このあと、コンテキストタスクバーの「選択範囲を修正」から「選択範囲を拡張」を選択します❷。

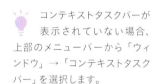

> 💡 コンテキストタスクバーが表示されていない場合、上部のメニューバーから「ウィンドウ」→「コンテキストタスクバー」を選択します。

④ 文字の形状の選択範囲を作成③

「選択範囲を拡張」ダイアログを「拡張量：10pixel」とします。

> 💡 「生成塗りつぶし」による生成時、周りとなじませる領域が発生するため、生成結果が若干小さくなります。そのため、選択範囲を拡張しておくのがポイントです。

⑤ 選択範囲に合わせて生成

選択範囲に合わせて「生成塗りつぶし」による生成を行います。コンテキストタスクバーから「生成塗りつぶし」を選択して、プロンプトを「砂文字」と入力して生成します。

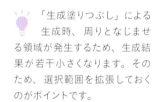

⑥ 好みのものを選択

「プロパティ」パネルのバリエーションからイメージに近い候補を選択すれば完成です。

「生成塗りつぶし」で eスポーツ風ロゴを作る

Illustratorの「生成塗りつぶし」は、シェイプの形状に合わせてオブジェクトを生成する機能です。今回はエンブレムを作成し、その形状に合わせてロゴを生成する手順を解説します。また、一緒に「生成塗りつぶし」の注意点も確認していきましょう。

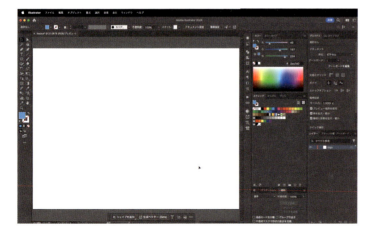

❶ アートボードを作成

空のアートボードで開始します。

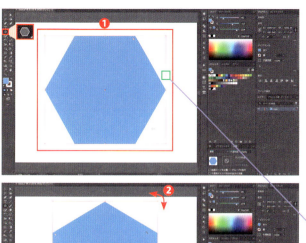

❷ 六角形を作成

まず、六角形を変形させてエンブレムを作成していきます。「多角形ツール」を選択し、アートボードで[Shift]キーを押しながらドラッグして六角形を作成します❶。続けて、バウンディングボックス（四角形の境界線）の外側にカーソルを配置し、[Shift]キーを押しながらドラッグして図のような角度に調整します❷。

> 💡 多角形ツールが五角形などになる場合は、バウンディングボックス右の辺ウィジェットを上下に動かし、辺の数を調整します。
> ※緑の囲いが辺ウィジェットです。

❸ 六角形をエンブレムの形に

「ダイレクト選択ツール」で、図の位置の3つのアンカーポイントを選択します❶。選択した3つのアンカーポイントのうち、1つのコーナーウィジェットを選択して内側にドラッグしましょう❷。こうすることでエンブレムが作成できました。

❹ eスポーツ風のロゴを生成

作成したエンブレムの形状に合わせて、eスポーツ風のロゴを生成します。「選択ツール」でエンブレムを選択し、コンテキストタスクバーから「生成塗りつぶし（シェイプ）（Beta）」を選択します。プロンプトを「ゴリラの顔、eスポーツ、エンブレム、サイバーパンク」と入力して❶、「すべての設定を表示」を選択します❷。

❺ 細かい設定を調整

「生成塗りつぶし（シェイプ）」ダイアログを「シェイプの強度：強く」「ディテール：最高」にして生成します。

> 💡 この「シェイプの強度」は、選択したオブジェクトの形状にどの程度合わせるかという設定で、強く設定するほどオブジェクトの形状に近づきます。また「ディテール」を「最低」に近づけるほどシンプルな生成結果に、「最高」にすると精細な生成結果になるので、イメージに合わせて調整しましょう。

❻ 生成結果から好みのものを選択

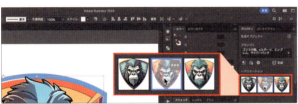

「プロパティ」パネルのバリエーションから、イメージに近い候補を選択します。

❼ エンブレムの色を調整

Illustratorで「生成塗りつぶし」を利用するとき、もとのオブジェクトが残ります。不要な場合は削除しますが、今回は活かしてロゴの一部とします。まず、「選択ツール」で水色のエンブレムを選択します。「スポイトツール」を選択して、生成したロゴの一部を選択して色を拾います。ここでは、生成データの紫色の枠を選択して完成です。

Part 3
5

文字を含んだロゴを生成して Retypeでライブテキストに変換

Illustratorの「Retype」機能を使うことで、アウトライン化された文字や画像内の文字に似ているフォントを探し、編集可能なテキストに変換することが可能です。「生成ベクター」で文字を含んだロゴを生成し、「Retype」でライブテキストに変換してみましょう。

❶ 基本情報

空のアートボードで開始します。

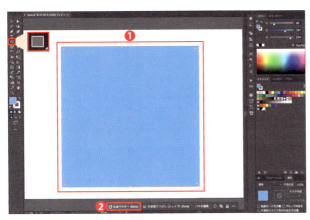

❷ 文字を含んだロゴを生成①

文字を含んだロゴを生成していきます。まず、「長方形ツール」で四角形を作成し❶、四角形を選択した状態でコンテキストタスクバーから「生成ベクター(Beta)」を選択します❷。

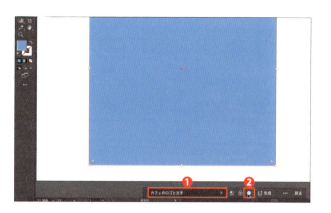

❸ 文字を含んだロゴを生成②

プロンプトを「カフェのロゴと文字」と入力して❶、「すべての設定を表示」を選択します❷。

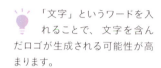

「文字」というワードを入れることで、文字を含んだロゴが生成される可能性が高まります。

❹ 文字を含んだロゴを生成③

「生成ベクター (Beta)」ダイアログを「コンテンツの種類：被写体」「ディテール：最低」に設定して生成します。

❺ 文字を含んだロゴを生成④

「プロパティ」パネルのバリエーションから、イメージに近い候補を選択します。

❻ 生成された文字を
ライブテキストに①

生成された文字は、編集できるテキストではなくパスの状態です。これをRetypeで変換することで、似たフォントを探して編集できるようにします。オブジェクトを選択した状態で、メニューバーから「書式」→「Retype (Beta)」→「テキストを編集」を選択します。

7 生成された文字を ライブテキストに②

「Retype (Beta)」パネルに、Adobe Fontsまたはデバイスのフォントが表示されます。ここから、似ているフォント（またはイメージに近いフォント）を探します。なお、Adobe Fontsでアクティベートされていないフォントの場合、フォント名の右にある「クリックしてアクティベート」を選択してアクティベートしましょう。

8 生成された文字を ライブテキストに③

アクティベートしたらフォントを選択して❶、「適用」を選択することで❷、ライブテキストに変換されます。続けて「終了」を選択して❸文字を編集します。

9 生成された文字を ライブテキストに④

「文字ツール」で文字を編集します。ここでは、生成時に「CAFE」だったテキストを「LOGO」にしています。

Part 3

6 生成したロゴでモックアップを作成

Ai

「生成したロゴがどのように活用できるのか」といったイメージを想起させるのにモックアップが役立ちます。Illustratorのモックアップ機能を使い、生成したロゴの形状を調整してモックアップに落とし込んでみましょう。

❶ 画像を読み込む

まずはじめに、モックアップとして使うクラフト紙の写真を「photo」というレイヤー名で配置し、空のレイヤーを「logo」というレイヤー名で配置します。「photo」レイヤーは一旦非表示にします。

❷ ペン画風ロゴを生成

ここからはペン画風のロゴを生成していきます。まず「長方形ツール」で四角形を作成し、四角形を選択した状態でコンテキストタスクバーから「生成ベクター（Beta）」を選択します。次に、プロンプトを「コーヒーカップを持つリス、植物」と入力し❶、「すべての設定を表示」を選択しましょう❷。

③ 細かい設定を変更

「生成ベクター(Beta)」ダイアログを「コンテンツの種類：被写体」「ディテール：最高」に設定します❶。続けて「効果」を選んで❷「落書き」を選びましょう❸。このあと「カラーとトーン」を選択して❹、「カラープリセット：白黒」「カラー数：2」「カラーを指定：なし」に設定したあと❺生成します。

④ イメージに近いものを選ぶ

「プロパティ」パネルのバリエーションから、イメージに近い候補を選択します。

> 今回、効果の「落書き」を使ってペン画風のロゴを生成しましたが、プロンプトに「ペン画」と加える（例：コーヒーカップを持つリス、植物、ペン画）、スタイル参照を使ってペン画風の画像を参照するなど、さまざまな方法で生成が可能です。

⑤ 色を調整する①

このあとの工程では、生成したロゴを「描画モード：乗算」で合成します。しかし、今回は画像の色がグレーで生成されており、このまま乗算を適用すると色が暗くなってしまいます。そのため、まずはグレー部分の色を白に調整します（生成された画像が白で作成された場合、この工程は不要です）。オブジェクトを選択した状態で、コントロールパネルから「オブジェクトを再配色」を選択し❶、表示されるパネルから「詳細オプション」を選びます❷。

6 色を調整する②

「オブジェクトを再配色」ダイアログのグレーのカラーをダブルクリックし❶、表示されるカラーピッカーを白にして、「カラーピッカー」ダイアログと「オブジェクトを再配色」ダイアログともに「OK」をクリックします❷。

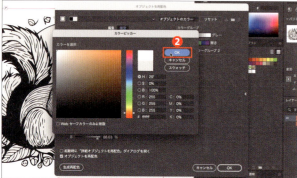

7 色を調整する③

色をグレーから白に変更できました。

> 💡 生成された画像の色を調整したい場合、今回紹介したように「オブジェクトを再配色」を活用するのがおすすめです。

8 モックアップを適用①

モックアップの写真と生成したロゴを合成します。「レイヤー」パネルで「photo」レイヤーを表示し❶、「選択ツール」で写真とロゴを選択します❷。

9 モックアップを適用②

右クリックで「モックアップ（Beta）」→「モックアップを作成」を選択します。

10 モックアップを適用③

写真に合わせてロゴの形状が変わります。続けて大きさと角度を調整します。

> 「モックアップ（Beta）／モックアップを作成」を使用すると、写真の内容に合わせてアートワークの形状が自動的に調整されます。簡単な操作で、製品パッケージやTシャツなどのデザインサンプルにアートワークを適用できるので試してみましょう。

11 モックアップを適用④

「透明」パネルで、描画モードを「乗算」、不透明度を「80％」としたら完成です。「乗算」を適用すると、背景とオブジェクトの色が合成されて暗くなります。黒はそのまま、白は透過されます。

ガラスの反射を足して
モックアップをよりリアルに

Photoshopでモックアップを作成する際、モックアップ用の画像にアートワークを配置しただけでは違和感があります。ここでは、壁に貼られたポスターを例に、「画像を生成」で生成した画像をガラスの反射風に加工して、モックアップの違和感を軽減します。

❶ 基本情報

壁にポスターのフレームが配置された写真を「mockup」というレイヤー名で配置し、その上にポスターのアートワークを配置したという想定で「img」レイヤーを3枚配置します。

❷ 街中の雑踏の画像を生成①

ツールバー下部の「画像を生成」を選択し❶、「画像を生成」ダイアログでプロンプトを「晴れの日の雑踏、モノクロ、ぼかす」と入力し❷、「コンテンツタイプ：写真」を選択❸して生成します。

 今回、街中の壁にポスターが貼られているという想定で、「晴れの日の雑踏、モノクロ、ぼかす」というプロンプトにしています。室内、室外などの状況に応じてプロンプトを変更しましょう。

108

③ 街中の雑踏の画像を生成②

「プロパティ」パネルのバリエーションからイメージに近い候補を選択します。

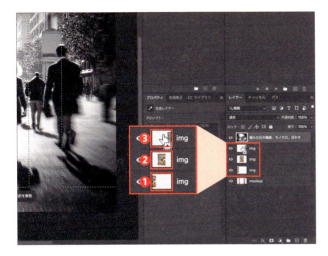

④ マスクをかけてなじませる①

生成した画像にマスクを追加して、描画モードと不透明度を使ってアートワークをなじませます。まず、「レイヤー」パネルで❶のレイヤーサムネイルを［Mac：command／Win：Ctrl］キーを押しながらクリックして選択範囲を作ります。続けて❷❸のレイヤーサムネイルを［Mac：command＋shift／Win：Ctrl＋shift］キーを押しながらクリックして選択範囲を3つ作ります。

⑤ マスクをかけてなじませる②

「レイヤー」パネル下部の「レイヤーマスクを追加」を選択し、生成したレイヤーにレイヤーマスクを適用します。

⑥ マスクをかけてなじませる③

「レイヤー」パネルで、生成したレイヤーを「描画モード：スクリーン」「不透明度：30％」にします。こちらで完成です。

> 💡 ガラスの反射の不透明度が高いとアートワークの視認性が落ちてしまうので、視認性を保つことも意識しつつ調整しましょう。

Column

画像の文字を
ライブテキストに変換しよう！

P101〜103では、Illustratorの「Retype (Beta)」機能を使って、ベクター画像の文字をライブテキストにする方法を解説しました。このコラムでは、「Retype (Beta)」の詳しい使い方を掘り下げて紹介します。

ビットマップ画像を配置

Illustratorを開き、ビットマップ画像を配置した状態から開始します。今回は「人気ブランド大集合！」という日本語のテキストと「30–50%OFF」という数字と英語が混在したテキストを編集します。

画像に「Retype (Beta)」を適用する場合、リンク配置（リンクされた画像がプレビューされている状態）ではなく、埋め込み配置（Illustrator上に読み込まれた状態）になっている必要があります。

バナーの文字をライブテキストに

Retype (Beta) で画像内の文言をライブテキストに変換しましょう。「マッチフォント」は、画像で使われているフォントと似たフォントを探す機能です。ライブテキストに変換してテキストを編集したい場合は「テキストを編集」を選択します。

❶ 画像を選択した状態で、上のメニューから「書式」→「Retype (Beta)」→「テキストを編集」を選びます。

❷ 「Retype (Beta)」で自動検出されたワードの周囲に点線が表示されます。デフォルトでは、もっとも大きいテキストが強調表示されます。

③ Adobe Fontsまたはデバイスのフォントが表示されています。「フィルターを適用」から、Adobe Fontsまたはデバイスフォントに表示を切り替えることができます。

④ Adobe Fontsでアクティベートされていないフォントの場合、フォント名の右にある「クリックしてアクティベート」を選択してアクティベートします。

⑤ アクティベートしたらフォントを選択して❶、「適用」を選択することで❷、ライブテキストに変換されます。続けて「終了」を選択すると❸文字を編集できます。

⑥ ライブテキストに変換後、「押したままにして元の画像を表示」❶を選択して比較したり、「ソース画像に戻す」❷を選択して元の画像に戻すこともできます。

⑦ 続けて、日本語をライブテキストに変換します。「人気ブランド大集合！」という文字を選択します。なお、「Retype（Beta）」の日本語サポートはIllustrator28.7.1以降で対応しています。

⑧ 英語と同様の操作で、フォントを選択して❶、「適用」を選択します❷。続けて「終了」を選択して❸、文字を編集します。

テキストを編集

ここまでの手順で、画像に埋め込まれて編集できなかったテキストをライブテキストにすることができました。ここからは実際にテキストを編集していきます。

① 日本語、英語ともに「文字ツール」で文字を編集します。

② こちらで完成です。

> 💡 ライブテキストに変換された文字を消去してみると、文字が表示されていた箇所がある程度補正されていることがわかります。しかし、これだけだと不十分で調整が必要な場合もあることは覚えておきましょう（今回は日本語が乗っていた白いボックスが白一色になっていないほか、緑のボックスにも文字の一部が残っています）。きれいに補正されていない場合は、Photoshopなどで補正しましょう。
>
>
>
> ライブテキストへの変換後、背景のボックスが補正された図。白いボックス、緑のボックスともに自動補正ではきれいに修正できていない状態です。

Part 4

カラバリ生成

タマケン

がレクチャー！

この章では、Illustratorで利用できるFireflyの機能「生成再配色」について触れていきます。基本的な使い方はもちろん、グレースケールのベクターやIllustratorで作成したグラデーションの色合いを簡単に変える方法など、クリエイターがデザイン制作の実務で活用できるテクニックも詳しく解説していきます。

Part 4

「生成再配色」を使って
カラーバリエーションを生成する

「生成再配色」はAIがオブジェクトのカラーを提案してくれる機能で、簡単な操作だけでイメージに合った配色を生成してくれます。色数の多いイラストの色をまとめて替えるときや配色に迷った際のアイディア出しに非常に便利なので、基本的な使い方を押さえておきましょう。

① デザインデータを準備

まずは配色を変更したいベクターデータを用意します。なお、生成再配色はベクターデータのみに使用できる機能で、画像データには非対応です。

❷「生成再配色」画面を開く

オブジェクトを選択した状態で、コンテキストタスクバーから「再配色」のボタンをクリックします。このあと「再配色」と「生成再配色」のタブのうち「生成再配色」に切り替えます。コンテキストタスクバーを表示していない場合、上のメニューから「編集」→「カラーを編集」→「生成再配色」を選択しましょう。

❸ 再配を生成する

配色のイメージを入力します。今回はピンクを基調とした柔らかい配色にしたいので、「春の柔らかいピンク」と入力して❶「生成」ボタンを押します❷。

❹ 生成結果から1つを選択

これだけで、ピンクを基調とした配色が生成できました。4つのバリエーションがあるので、好きなバリエーションを選びましょう。なお、好みのものがない場合、もう一度「生成」ボタンをクリックすると新たなバリエーションを追加できます。

Note

「生成再配色」をもっと使いこなすには？

プロンプトの入力でイメージを表現するのが難しいときは、「カラー」ボタンからメインカラーを指定することができます❶。また「サンプルプロンプト」欄には、あらかじめ9つのサンプルプロンプトが用意されています（2024年10月現在）❷。

🔍 「生成再配色」で活用できるプロンプト例

季節や時間を変える

プロンプト
夏の爽やかなグリーンとブルー

プロンプト
秋の紅葉

プロンプト
冬の冷たいブルー

プロンプト
夕方のオレンジ

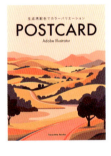

プロンプト
朝の淡いカラー

プロンプト
真夜中のブルー

パステルカラーのトーン

プロンプト
可愛いパステルカラー

プロンプト
パープルのパステルカラー

鮮やかで派手なトーン

ポップで元気なカラー

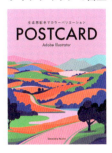
サイケデリックで目立つカラー

そのほかのプロンプト

イエローサブマリン

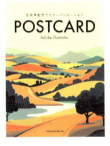

色あせたエメラルドの街

気分が上がるディスコライト

砂石のビーチ

🔍 「生成再配色」を使ったイメージサンプル

バナーデザイン

プロンプト 春の柔らかなピンク

プロンプト 夏の元気なブルーとイエロー

プロンプト 秋の落ち着いた紅葉

プロンプト 冬の冷たいアイスブルー

ロゴデザイン

プロンプト 真夜中のブルー

プロンプト 木漏れ日の光

プロンプト ピンクとブルーのネオン

プロンプト 晴れの日の森

エンブレムデザイン

プロンプト 神秘的な風景

プロンプト 夕方の湖

プロンプト 朝の冷たい空気

プロンプト 黄金の日差し

イラスト

Before

After

プロンプト
パープルと
イエローの
カジュアルポップ

プロンプト
グリーンと
サーモンピンクの
レトロカジュアル

プロンプト
ライムグリーンと
ビビッドブルーの
アーバンスタイル

プロンプト
ピンクとブルーの
レトロポップ

Tシャツのデザイン

Before

After

プロンプト
クールでエネル
ギッシュなビーチ

プロンプト
ネオンライトの
ビーチナイト

プロンプト
サンセットの
温かい光

プロンプト
夏のトロピカル
ビーチ

パッケージデザイン

Before

After

プロンプト
新鮮な葡萄

プロンプト
レモンの酸味

プロンプト
瑞々しいりんご

プロンプト
甘く熟したバナナ

Part 4 カラバリ生成

119

Part 4

2 「生成再配色」の生成結果を手動で微調整する

P114〜119で取り上げた「生成再配色」は配色をガラッと変更できて便利ですが、どんなシーンでも完璧な配色にできるとは言い切れません。全体的に少し色を調整したり、一色だけを変更したりするなどの細かなコントロールが難しいため、希望の配色に近づいた段階で自分で細かい調整を行うのもよいでしょう。

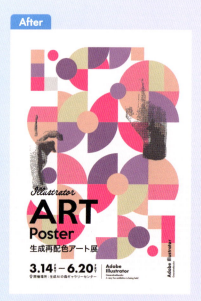

① 「再配色」をクリック

赤みが強いピンクを紫寄りのピンクに変更してみます。オブジェクトを選択した状態で、コンテキストタスクバーから「再配色」ボタンをクリックして「再配色」画面を開きます。コンテキストタスクバーを表示していない場合、上のメニューから「編集」→「カラーを編集」→「オブジェクトを再配色」を選択します。

② 調整は全体か個別か決定

カラーホイールの上にあるアイコンをドラッグで動かすと、ベクターデータの色味が変わります❶。このとき、リンクアイコンがオンになっているとすべてのカラーが連動し❷、これがオフだと個別で色味を調整できます。今回は全体を紫寄りのピンクに近づけるためオンにします。

③ 色味を微調整する

カラーホイール上でピンクを選び、少し下にずらします❶。ポイントが外側に行くほど彩度が高く、内側に行くほど彩度が低くなります。今回は彩度が変わらないように同じくらいの位置で調整しました。

④ 1色だけ調整する

ピンクの色味を変更したら緑色が目立ってきたので、これを馴染む色に変えてみます。リンクアイコンをオフにしたあと❶、緑のポイントをドラッグして変更します❷。

Note

1色だけ変更するなら「自動選択ツール」も便利！

1色だけ変更したいときは「自動選択ツール」を使う方法もあります。ツールパネルから「自動選択ツール」を選んで❶、オブジェクトを1つクリックすると、同じカラーのオブジェクトをすべて選択してくれます❷。このあと、カラーパネルから色を変更できます❸。なお、「自動選択ツール」をダブルクリックすると「カラーピッカー」パネルが表示されます❹。塗りや線など、なにを基準に選択するか設定ができるほか、「許容値」を0にするとまったく同じ色だけが選択され、数値を大きくすると似ている色まで一緒に選んでくれます。

Part 4

3 グラデーションの色味調整を「生成再配色」で時間短縮

グラデーションの色を変更するとき、1つ1つポイントを指定して色を変える作業は時間がかかります。グラデーションの色味を変えたいときはFireflyで配色すると時間を短縮できますし、自分では思いつかなかった配色を見つけられるかもしれません。

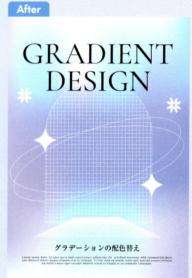

1 「生成再配色」画面を開く

作成したグラデーションの選択後に「生成再配色」の画面を開き、プロンプト入力欄に配色のイメージを打ち込みます。今回は「サファイアブルーの宝石の輝き」と入力して「生成」ボタンを押します（詳しい使い方はP114〜115）。

💡 通常のグラデーションはまだしも、特に右のようなメッシュグラデーションの色変えは面倒。1つ1つポイントを指定して色を変えないといけないので時間が掛かります。

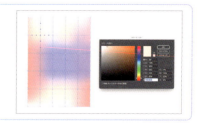

2 生成結果から1つを選択

これだけで、グラデーション全体の配色が生成できました。バリエーション欄でほかに生成された4つの候補を選べるほか、再度「生成」ボタンを押せば新たに生成できます。

🔍 ほかのプロンプト例

プロンプト
深い森のグリーン

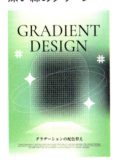

プロンプト
南国の楽園

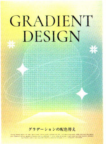

プロンプト
ラベンダー色の夕暮れ空

プロンプト
アイスブルーとホワイトの北極の氷

プロンプト
ライトベージュの砂漠の風景

Part 4
パターンの生成後 全体の色味をまとめて変える

1〜2色のシンプルなパターンなら色変えはまだ単純ですが、複雑なパターンの配色を変更するのは非常に時間がかかる作業です。また、しっくりくる色味をそれぞれ選ぶのは難しいと感じる人もいるでしょう。このようなときに「生成再配色」を使えば、言葉のイメージに基づいてワンクリックで新しい配色を作り出せます。

❶ パターンを生成

左の図は、Fireflyでパターンを生成した状態です。新規アートボードの作成後、コンテキストタスクバーから「生成塗りつぶし（シェイプ）（Beta）」ボタンをクリックし、プロンプトを「水彩の花柄パターン」として生成しました。

生成後に色を手動で変えるとき、対象のオブジェクトを1つずつ選択して色を変える方法や、スウォッチに入ったパターンを編集する方法もあります。しかし、どちらもパターンが複雑になるほど面倒です。

124

❷「生成再配色」で変更

先ほど生成したパターンを選択したあとで、コンテキストタスクバーから「再配色」を選びます。次に「生成再配色」タブをクリックしたあと、配色のイメージをプロンプトで入力しましょう。ここでは「ビビットなトロピカルフラワー」と入力して「生成」ボタンを押します（詳しい使い方はP114〜115）。

❸ 生成結果から1つを選択

これだけの作業で、グラデーション全体の配色を生成できました。気に入るものがあれば「バリエーション」から選択しましょう。

🔍 ほかのプロンプト例

プロンプト
パープルの
エレガントな花柄

プロンプト
クリームイエローの
優しい花束

プロンプト
豪華なワインレッド

プロンプト
パステルピンクと
ミントグリーンの春の花園

プロンプト
秋の落ち葉

プロンプト
ブルーの爽やかな花柄

Part 4
5

画像をベクター変換して配色を自由に変える

Illustratorのアップデートにより、「画像トレース」機能が強化されました。ラスター画像（ビットマップ画像）をベクター化する際、カラーの数やパスの細かさなど細部をコントロールできるようになりました。ここでは、「画像トレース」の使い方と、トレースした画像の色合いを「生成再配色」で変更する方法を取り上げます。

❶「画像トレース」を表示

まずはトレースしたい画像を開き、上のメニューから「ウィンドウ」→「画像トレース」を選択して、「画像トレース」パネルを開きます。

>  「画像トレース」機能を使うことで、ラスター画像を自動的にトレースし、拡大しても劣化しないベクター画像として編集することが可能です。ラスター画像のベクター化のほか、手描きのロゴやアイコンのデジタル化などの用途でも活用できます。

 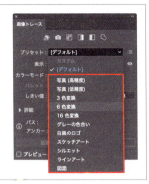

❷ 画像をトレースする①

「プリセット」を選択することで、あらかじめ用意されている設定から好みの色数や雰囲気を選択できます。今回は6色のデータにしたいので「6色変換」を選択しました。

> **「プリセット」以外も選択可能**
>
> 「プリセット」を使わなくても、手動でカラーモードやカラー数、しきい値などを設定することも可能です。「画像トレース」パネルの「表示」「カラーモード」「パレット」「カラー」から必要な設定を行いましょう。

❸ 画像をトレースする②

最後に「拡張」ボタンをクリックすれば、ラスター化は完了です。

❹ 色味を変更する

❶〜❸の手順で完成したベクター画像は、元の画像を参考に自動でカラーが設定されています。色味を変更したいときは「生成再配色」画面を開き、プロンプト入力欄に配色のイメージを入力します（詳しい使い方はP114〜115）。今回は「ポップアート」と入力して「生成」ボタンを押したところ、ポップな雰囲気の配色にできました。

「画像トレース」カラーモード設定例

128

ほかの画像を使った作例

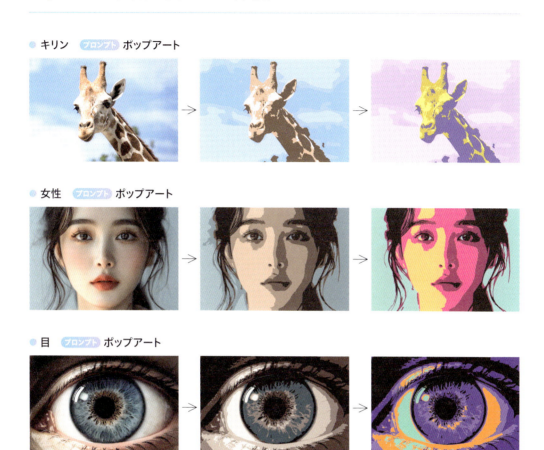

● キリン　プロンプト　ポップアート

● 女性　プロンプト　ポップアート

● 目　プロンプト　ポップアート

Part 4 - 6

グレースケールのベクターを簡単な手順でカラー化する

「生成再配色」は、グレースケールのベクターをカラー化したい場合にも非常に便利です。特に、色数が多いベクターの配色変更は手間のかかる作業ですが、この機能を使えば効率的に作業を進められます。

1 カラーモードを変更

ベクター画像のカラーモードがグレースケールになっていると、「生成再配色」を使ってもカラー化することはできません。そこで、カラー化したいベクター画像をIllustratorで開いたら、上のメニューから「ファイル」→「ドキュメントのカラーモード」を選んで、カラーモードを「RGBカラー」や「CMYKカラー」に変更しておきましょう。

ミラーボールのような色数が多いベクターを1つずつ変えるのは非常に手間が掛かります。こういうときこそ「生成再配色」を活用しましょう。

❷ 「生成再配色」を利用

「生成再配色」の画面を開き、プロンプト入力欄に配色のイメージを入力します（詳しい使い方はP114〜115）。今回は「淡いピンクとオレンジの可愛い世界」と入力して「生成」ボタンを押します。

❸ 生成結果から1つを選択

グレースケールのベクターをカラー化することができました。気に入るものがあれば「バリエーション」から選択しましょう。

🔍 ほかのプロンプト例

プロンプト
エレクトリックブルーの
未来的な光の反射

プロンプト
夕暮れ時の
都会の反射

プロンプト
サイバーパンクの
都市風景

プロンプト
ミステリアスな
ブラックとゴールド

プロンプト
色あせた
エメラルドの街

プロンプト
気分が上がる
ディスコライト

Note
カラーのベクターをグレースケールにすることも可能！

今回の例ではグレースケールのベクターをカラー化しましたが、カラーのベクターをグレースケールにしたいときも「生成再配色」を活用できます。

カラーのベクターを選択した状態で❶、「生成再配色」の画面を開き、プロンプトに「グレースケール」と入力して❷生成ボタンを押します❸。これだけで、カラーのベクターをグレースケールにすることが可能です。

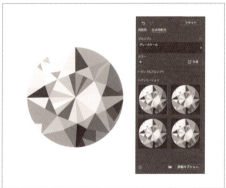

Part 5

キャラクター生成

北沢直樹

がレクチャー！

Fireflyを活用すれば、オリジナルキャラクターを作り出すことも可能です。この章では、デザインにキャラクターを入れ込むことのメリットにはじまり、基本的な生成方法、好みのキャラクターを生成するための具体的なテクニック、生成後のレタッチ術まで詳しくお話しします。

Fireflyを使って
キャラクターを作るメリット

キャラクターの有無で印象はどれだけ変わる？

　キャラクターは、訴求したい商品やサービスの印象をより強めてくれる存在です。デザインの一部として目立たせるだけでなく、親しみやすさやオリジナリティをプラスしてくれるのがポイントです。また、キャラクターの有無は受け手との信頼感の強さを左右する重要な要素の1つでもあります。以下で実際にキャラクターの有無による印象の差を見てみましょう。

● キャラクターありとなしを比較

　ノベルティカレンダーを例に、キャラクター（およびキャラクターに沿ったデザイン）が与える印象を比べてみました。キャラクターがいると親しみやすさがアップし、毎日がもっと楽しくなるカレンダーになりました。

Fireflyはキャラクター制作にどう活用できる？

　Fireflyがあれば、誰でも簡単にキャラクターを作り出すことができるので、業種・職種を問わず販促や商品展開に役立てることが可能です。Fireflyは商用利用ができるため、作ったキャラクターをグッズ化して販売できるのもポイントです。

　また、キャラクターデザインのアイディア出しをする際、デザインのたたき台を作るのにもおすすめですし、頭の中にある漠然としたイメージを可視化できるのでデザインを整理する手助けもしてくれます。さらに、クライアントへの提案に欠かせないイメージサンプルを作る際にもFireflyを活用できます。視覚的にわかりやすい提案資料を短時間で用意できるため、プロジェクトをスピーディに進行できるでしょう。

● キャラクターで販促に差をつける！

上記はFireflyで生成したキャラクターやパーツをデザインに落とし込んだ例。キャラクターがいることで視覚的なインパクトが強まるので、効果的なプロモーションが期待できます。

● 商用利用OKなので、グッズ販売できる！

Fireflyで作ったデザインは商用利用が可能。さまざまなグッズに展開して販売することができます。上のイメージは筆者がFireflyで作ったキャラクター「ジェネモン」をガシャポンで販売した際のイメージです。

● アイディアの幅が広がる

アイディアの素案として、思い描いているイメージをFireflyで可視化してみるのもおすすめです。偶然生成されたアイディアによって、デザインの幅が広がることも期待できるでしょう。なお、上のイメージは猫がギターを弾いているところを生成した様子。もともと左のイメージでしたが、右のような画像も生成されることでアイディアの幅が広がります。

● 提案を強化するツールとして活用！

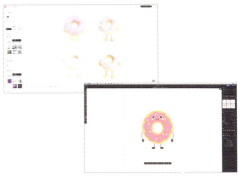

Firefly WebアプリとIllustratorを使い、クライアント提案のためのイメージサンプルを生成してみました。方向性の違うものも簡単に作成できるほか、短い時間でデザインを用意できるのも特徴です。

本来はどうやってキャラクターを作る？
イラストレーターの制作プロセスを紹介！

前のページで「Fireflyを使ってキャラクターを制作するメリット」をお話ししましたが、従来の生成AIを使わずにキャラクターを制作する手順はどのようなものなのでしょうか。ここでは、イラストレーターとして活動している筆者がキャラクターを制作する際のステップをご紹介します。これを知っていただくことで、本来必要な知識やスキルをご理解いただくとともに、Fireflyを使ってどんなステップで制作すればよいかイメージしていただけるのではないでしょうか。

① イメージを具体化する

キャラクター制作を行う際、まずは頭の中にある漠然としたイメージを書き出していくことから始まります。ここで挙がるキーワードやモチーフなどは、クライアントからのヒアリングで引き出すもの、それを受けてイメージされたものなどさまざまです。

② ラフスケッチを描く

アイディアがまとまってきたら、それをもとにラフスケッチを描いていきます。この段階では、さまざまなポーズや表情を試しながら、キャラクターの全体像を形にしていきます。なお、筆者はこの下書き作業に「Adobe Fresco」を使っていますが、描くのは紙でもなんでも構いません。

③ デザインを比較して選定

複数のデザイン案を比較し、もっとも魅力的で意図に合ったものを選び出します。これは、キャラクターの完成度を左右する重要なステップです。

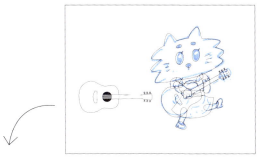

④ Illustratorで描き起こす

Illustratorのペンツールでトレースしながら描き起こしていきます。ここでは線にリズムをつけ、バランスの良い仕上がりを目指しています。

⑤ 配色の検討

キャラクターに生命を吹き込むには、適切な配色が不可欠です。さまざまな配色パターンを試し、キャラクターの雰囲気や個性がもっとも引き立つものを選びます。

> 💡 イラストレーターにキャラクター制作を依頼するケースでも、Fireflyを活用することが可能です。自分では描けないタッチ（例：3Dで絵を描く）をデザインイメージとして提案したり、たくさんのキャラクターを短い時間で作ってアイディアを出す（例：100体描く）など、さまざまな用途で利用できます。

Fireflyを使った
キャラクター生成の基本操作

ツール別に基本的な作り方を解説！

　Photoshop、Adobe Expressでは「テキストから画像生成」を、Illustratorでは「生成ベクター」を使用して、プロンプトをもとにキャラクターを生成する手順をお話ししていきます。なお、ここでは基本的なステップをお話しし、それ以降のページで知っておきたい機能や便利な使い方、効果的なレタッチの方法などを解説します。

● Photoshopでのキャラクター生成

❶ 新規ファイルを作成

Photoshopで新規ファイルを作成します。ここでは幅1980px×高さ1980pxの正方形にしていますが、使用する目的にあわせた画角（縦長/横長）にしても問題ありません。ただし、サイズが大きすぎるとデータが重くなるので、必要十分なサイズに調整しましょう。

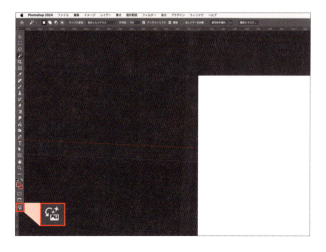

❷ 「画像を生成」ダイアログを開く

ツールバーの一番下にある「画像を生成」を選択して「画像を生成」ダイアログを開きます。

③ キャラクターを生成する

「画像を生成」ダイアログのプロンプト入力欄に「りんごのクリーチャー　シンプルな　ゆるキャラ 背景は白」と入力し❶、「生成」をクリックします❷。

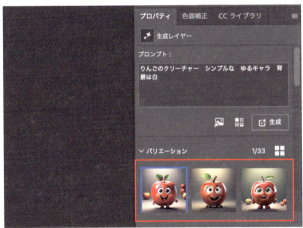

④ 生成結果を確認

プロパティパネルに、3種類のバリエーションが表示されました。目的に合った画像があるか確認してみましょう。

⑤ 目的の見た目に近づける

1回目の生成結果に満足がいかないこともあるでしょう。この場合、再度「生成」ボタンを押して同じプロンプトで新たに生成する、プロンプトを変更するなど、いくつかの方法でより好みのキャラクターを生成できます。ここでは基本的な使い方として、プロンプトを工夫することで目的の見た目に近づけていきます。今回は「りんごのクリーチャー」としていたプロンプトを「かわいいりんごのクリーチャー」に変更して再生成してみました。

● Illustratorでのキャラクター生成

1 新規ドキュメントを作成

Illustratorで新規ドキュメントを作成します。今回はA4サイズで進めていきますが、生成されるのはベクターデータなので、拡大・縮小した場合でも画質が劣化する心配はありません。

2 「生成ベクター（Beta）」ウィンドウを開く

コンテキストタスクバーまたは、上のメニューから「オブジェクト」→「生成ベクター(Beta)」を選択して、プロンプト入力画面を表示します。

3 キャラクターを生成する

「生成ベクター(Beta)」ダイアログのプロンプト入力欄に「りんごのクリーチャー　シンプルな　ゆるキャラ　背景は白」と入力して「生成」をクリックします。

4 生成結果から1つ選択

「プロパティパネル」に3種類のキャラクターのバリエーションが表示されます。好みのものがある場合は選択し、ほかの例も見たい場合は再度「生成」を押して新たに生成したり、プロンプトを変更して生成したりすることが可能です。

● Adobe Expressでのキャラクター生成

❶ 新規ファイルを作成

ホームの「テキストから画像生成」のプロンプト入力欄にプロンプトを入れる方法もありますが❶、今回は左のツールバーから作成していきます❷。このボタンを押したあと、検索ボックスに作成したい画像のサイズを入力します。今回は「A4」と入力し、A4サイズのファイルを作成します。

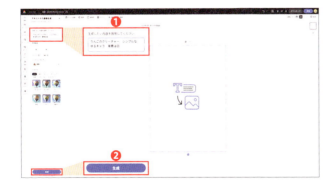

❷ 「テキストから画像生成」ツールを開く

左側のツールバーの「メディア」→「すべて」→「テキストから画像生成」、または「メディア」→「写真」→「テキストから画像生成」を選択し、作成したい画像サイズを入力します。

❸ キャラクターを生成する

パネルのプロンプト入力欄に「りんごのクリーチャー　シンプルな　ゆるキャラ　背景は白」と入力して❶「生成」をクリックします❷。

❹ 生成結果から1つ選択

4種類のバリエーションが表示されます。再度「生成」ボタンを押す、プロンプトを変更するなどの方法で、好みの見た目に近づけましょう。

Part 5

好みのキャラクターを作るために
必ず知っておきたいテクニック

まずは4つの機能をチェックしよう

　Fireflyを使って「テキストから生成」や「ベクター生成（Beta）」を試してみたけど、生成結果がしっくりこない、または想像に近いキャラクターを作るのが難しいと感じるケースもあるでしょう。ここからは、そんなときに使ってほしい機能やおすすめのプロンプトなどについて触れていきます。

　ここではまず、必ず利用するべき「コンテンツの種類」、生成結果の方向性を決めるためにどれか1つは必ず適用したい「参照構成」「スタイル」「効果」について概要をお話しし、以降の項目でより詳しい使い方を解説します。なお、P143の作例はすべてFirefly Webアプリで生成しており、プロンプトも共通で「りんごのクリーチャー　シンプルな　ゆるキャラ　背景は白」としています。

● アプリごとに搭載する機能と名称（2024年10月現在）

アプリ / Firefly Webアプリでの名称	コンテンツの種類	合成	スタイル	効果
Firefly Webアプリ	アート・写真・自動	◯	◯	◯
Photoshop	アート・写真	✕	◯ ・機能名「参照画像」	◯
Illustrator	シーン・被写体・アイコン	✕	◯ ・機能名「スタイル参照」	◯
Adobe Express	自動・写真・グラフィック・アート	◯ ・プリセット用意なし ・機能名「参照画像」→「構成」	◯ ・プリセット用意なし ・機能名「参照画像」→「スタイル」	◯ ・機能名「スタイル」

アプリによって機能の搭載／非搭載が異なるほか、同じ機能でも名称や具体的にできることが異なるケースがあります。なお、以降は特別な記載がない限りFirefly Webアプリの機能名・機能詳細を用いて解説します。

● 「コンテンツの種類」で大まかな方向性を決定

Firefly Webアプリの場合、生成結果をイラストと写真のどちらに近づけるかを選べる「コンテンツの種類」機能が用意されています。Firefly側が自動的に判断する「自動」も用意されていますが、生成の大まかな方針が決まっている場合はイラスト風に生成する「アート」かリアル風に生成する「写真」どちらかを選択するとよいでしょう。

● 「合成」で好みの構図に

Firefly Webアプリの場合、読み込んだ画像やプリセット画像の構図に生成結果を寄せることができる「合成」機能が用意されています。キャラクターのポーズや顔の向きが決まっている場合、この機能を利用するのがおすすめです。

● 「スタイル」でタッチを操る

Firefly Webアプリの場合、読み込んだ画像やプリセット画像のタッチ、テイストに生成結果を寄せることができる「スタイル」機能が用意されています。プリセットを選ぶ場合は133種類の「参照画像ギャラリー」が用意されており（2024年10月現在）、油彩や水彩、デッサンのような手描き風、3Dルック、ネオン効果、リアルな質感など、さまざまなものを適用できます。

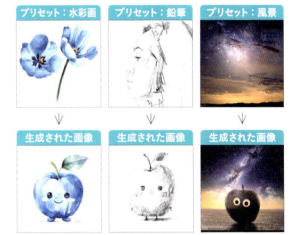

● 「効果」でタッチ、テイストを調整

Firefly Webアプリの場合、画像を読み込まずともプリセットを選ぶだけで生成結果のタッチ、テイストをコントロールできる「効果」機能が用意されています。

「スタイル」適用時の効果をまとめてチェック！

　Firefly Webアプリの場合、「スタイル」のサンプルギャラリーには合計133種類のプリセットが用意されています。プロンプトで見た目を細かく制御するのは容易ではありませんが、この機能を使うことで油彩や水彩、デッサンのような手描き風など、さまざまなスタイルを直感的に選び、キャラクターの見た目を目的のものに近づけることができます。

　しかし、それぞれを試すのは時間がかかるほか、生成クレジットを大量に消費することにもつながります。そこで、ここでは「スタイル」に用意されたプリセットのなかから特に使えそうなものを合計40個適用したサンプルを用意しました。これらの例を見ていただくことで生成の結果がイメージできるようになりますし、お気に入りのプリセットを見つけることもできるでしょう。

● 「スタイル」適用時の効果一覧

選ぶプリセットによって、キャラクターの外見とともに個性や性格も変わるように感じるのではないでしょうか。思いがけず好みのキャラクターに出会えることがあるので、さまざまなものを適用してみるのがおすすめです。また自作の参照画像を使えば、常に一貫したイメージでキャラクターの見た目を調整できることも覚えておきましょう。

スタイルなし

プロンプト
りんごのクリーチャー
シンプルな
ゆるキャラ
背景は白

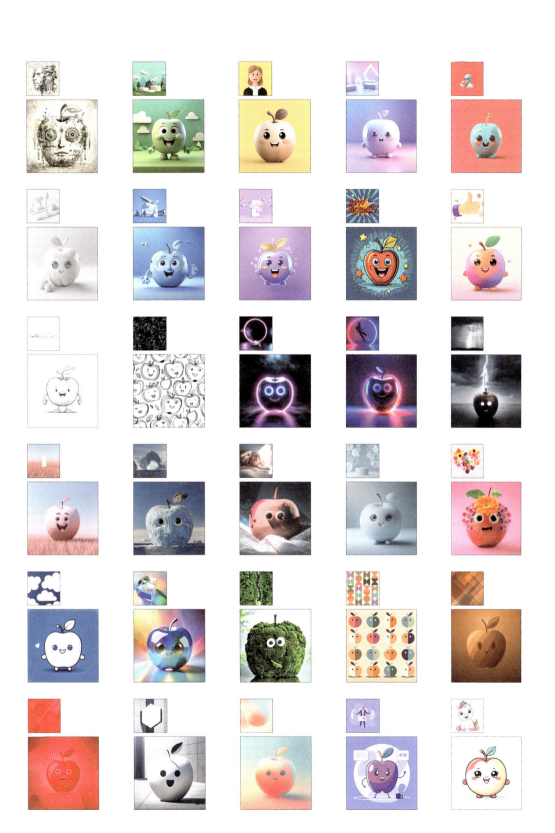

「効果」適用時の効果をまとめてチェック！

　Firefly Webアプリの場合、「効果」のサンプルギャラリーには合計124種類のプリセットが用意されています。たとえば、3Dやアニメ、映画風といった「テーマ」、油絵などの技法をベースにした「テクニック」、毛皮や大理石などの素材感を強める「マテリアル」など、それぞれのプリセットがカテゴリごとに分類されています。以下はそのなかでも筆者が使いやすかった40種類を挙げたものですが、先述の「スタイル」に比べると独自の風合いが控えめで、よりリアルな描写を実現しやすいことがわかるでしょう。

　なお筆者の場合、「3D」「シンプル」「いたずら書き」を使うケースが多いです。文字どおり、「3D」では立体感のある3Dアバター風のキャラクターを生成するのに役立てています。また「シンプル」とすることで、「奇妙なところに手足がついている」「柄がびっしり描かれていて少し気持ち悪い」などの"生成AI感"を軽減することが可能です。また「いたずら書き」を使えば、手書き風の効果も期待できます。

● **おすすめの効果40種類**

`プロンプト`
りんごのクリーチャー　シンプルな
ゆるキャラ　背景は白

このように「効果」を使用することで、画像全体の雰囲気やタッチが変わります。自分では思いつかないような新しいイメージを膨らませたり、一定のテイストを保ったままたくさん生成したいときなどに活用するとよいでしょう。

3D

SF

アクリル絵の具

いたずら書き

インキ

インダストリアル

インテリアデザイン

カートゥーン

グラスモーフィズム

グラフィック

クレイメーション

コミック

サイバーパンク

サイバーマトリックス

シュールレアリスム

シンプル

スカンジナビアン

スプラッシュ画像

ハーフトーン

パターンピクセル

パレットナイフ

ピクセルアート

フィルムノワール

フラットデザイン

ベクター調

ミニマリズム

画質の粗い映画

魚眼レンズ

金属製

古風な写真

構成主義

糸

色あせた画像

色の爆発

水彩画

折り紙

太い線

虹色

毛皮

木彫り

Illustratorの「生成ベクター」で「効果」を活用！

　Illustratorの「生成ベクター」を使うとき、「コンテンツタイプ」という項目で、生成するベクター画像の種類を「シーン」「被写体」「アイコン」の3種類から選択でき、「ディテール」の強弱を設定することでパスの細かさも指定可能です。さらに、「フラットデザイン」「幾何学」「落書き」「ピクセルアート」「ローポリ3D」「ミニマリズム」「アイソメトリック」「コミック」「3D」といった合計9種類の「効果」が用意されており、「効果」と「ディテール」も組み合わせて適用できます。つまり、「コンテンツタイプ」と「効果」、またそれぞれのディテールの強弱を組み合わせることで、コンテンツのおおまかな見た目とパスの数、全体的な雰囲気を細かく調整できるわけです。

　ここでは、「コンテンツタイプ」とディテールの関係性および、「効果」とディテールを組み合わせた際の生成結果を表にしました。以下を参考にしていただければ、キャラクター制作中にどんなイメージにするか迷ったときにヒントにしていただけるでしょう。

● 「コンテンツの種類」と「ディテール」の関係性

プロンプトはすべて「りんごのクリーチャー シンプルな ゆるキャラ 背景は白」としていますが、「コンテンツの種類」と「ディテール」の組み合わせによって表現が変わります。「アイコン」に関してはディテールの強弱による差はあまり見られませんが、「被写体」「シーン」ではディテールによって生成されるイメージが大きく変わっています。

● 「効果」と「ディテール」でさらに思いどおりに！

「コンテンツの種類」だけで好みのテイストが見つからなくてもご安心ください！「効果」とディテールの組み合わせにより、かわいいものから実務で使えそうなキャラクターまで、さまざまなスタイルのキャラクターを生成できます。

キャラクターの印象は表情やポーズでも大きく変わる!

キャラクターを制作する際、タッチのほかに表情やポーズを工夫することも重要です。表情やポーズを見るだけでキャラクターの性格をイメージできますし、キャラクターを広告やSNSで活用する際はその内容に合わせることも必要になってくるでしょう。

これをFireflyで表現するには「合成」機能を活用するのがおすすめです。プロンプトやスタイル、効果などと組み合わせることで、より細かい部分までキャラクターをコントロールしてみましょう。

● 表情をコントロールする

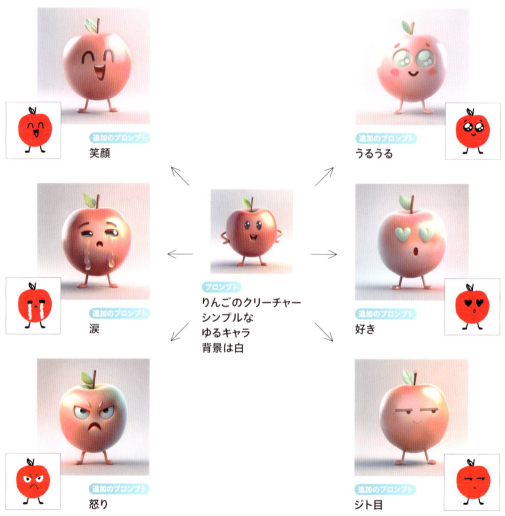

Firefly Webアプリで「合成」メニューの「参照」機能を使い、イメージする表情の画像を用意して読み込ませます。こうすることで、プロンプトだけでは難しい調整も簡単に実現することが可能です。

● ポーズをコントロールする

プロンプトだけで生成

プロンプト
りんごのクリーチャー
シンプルな
ゆるキャラ
背景は白
寝ている

プロンプト
りんごのクリーチャー
シンプルな
ゆるキャラ
背景は白
陽気

プロンプト
りんごのクリーチャー
シンプルな
ゆるキャラ
背景は白
驚いている

↓ ↓ ↓

読み込んだ画像

強度…小

強度…中

強度…大

こちらもプロンプトに加え、「合成」メニューの「参照」機能で、イメージするポーズの画像を用意して読み込ませます。「強度」を強くするほど、参照させた画像のイメージがより強く反映されます。

キャラクターをレタッチして理想の見た目に仕上げる

いらない要素を消してブラッシュアップ！

　Fireflyは生成AIという性質上、プロンプトやスタイル、効果などを調整しても"理想どおりのキャラクター"が作れないこともあるでしょう。たとえば人型のキャラクターを生成したときに指の本数が多かったり少なかったり、腕がつながっていないように見えたり、また「もっとこうしたほうがかわいい」など感覚的に修正したほうがよいポイントが思い浮かぶこともあります。

　このようなときは、Photoshopの「生成塗りつぶし」や「削除ツール」などの機能を使ってブラッシュアップするのがおすすめですが、そもそも「ここが気になる」「ここがよくない」と指摘するのは難しいと感じる人もいるでしょう。そこで、ここからは「キャラクター生成時に特に注意して見たいポイント」をいくつかお伝えします。なお、以下の例では注意したいポイントとともにほかの箇所もレタッチしています。BeforeとAfterでどこが異なり、どれだけ印象に差があるのかも比べてみてください。

● ポイント1 「顔周りの違和感を軽減する」

生成したままのBeforeは、目にハイライトが二重で入っているほか、歯がギザギザしていて少し怖い印象がありました。このような顔周りの違和感は"AIで作った感"や"不自然さ"を感じさせる要因になりかねません。そこで目や口の部分を修正しました。

● ポイント2 「余計なパーツを取り除く」

生成されたキャラクターには、不要なパーツやデザインが含まれることがあります。Beforeの場合、頭の上にピンクの模様が2つ乗っていますが、これらは意図して生成したものではありません。このような"無意味なパーツ"を消すことで、キャラクターの個性が際立ちます。Afterでは、左側の模様は帽子のようでかわいかったので残しておき、右の模様を削除してバランスを整えました。

● ポイント3 「テイストの不一致を取り除く」

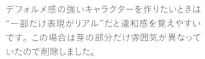

デフォルメ感の強いキャラクターを作りたいときは"一部だけ表現がリアル"だと違和感を覚えやすいです。この場合は芽の部分だけ雰囲気が異なっていたので削除しました。

加えるレタッチでもっとかわいく

前のページでは「キャラクターの不要な要素」についてお話ししましたが、キャラクターを生成したあと、手足や指の形、装備のデザインなど、細部のクオリティを上げるためにアイテムを追加することもあります。たとえば、手足が不自然に見える場合は靴や手袋を追加したり、指の本数を揃えることで違和感を解消します。また、ほかに生成した画像から気に入った部分をペーストして見た目を整えることもあります。なお、以下の作例もポイントとして挙げた点以外もAfterでレタッチを加えています。

● ポイント1 「欠けた洋服を補う」

人形のキャラクターを生成するとき、本来はあるはずのところに布が生成されていないことがあります。これを調整することで違和感が軽減されるので、手を加えてみましょう。

● ポイント2 「手袋や靴を生成する」

キャラクターの手や足の形状に違和感がある場合、手や足を再生成しても上手くいかないケースがあるでしょう。このような場合、手袋や靴を生成して隠してしまうのがおすすめです。

● ポイント3 「パーツを抜き出して合成する」

「気に入ったパーツはあるけど全体の雰囲気はイマイチ…」というときは、気になった画像を保存しておいて、あとからレタッチで合成するのもおすすめです。P158〜159では、この画像を例に、パーツそれぞれを合成するレタッチの例を取り上げます。

Photoshopでのレタッチ手順を紹介

　ここからはPhotoshopでのレタッチ方法を2つ取り上げます。まずは基本的なレタッチ手順をお話ししたあと、筆者が3つの画像のパーツを組み合わせて1体のキャラクターを作った例も紹介します。こうして調整を加えることで完成度の高いデザインに仕上がるほか、よりオリジナリティの強いキャラクターに仕上げることも可能です。

● **追加するレタッチの手順**

Beforeは右腕の付け根がないため、体と腕が離れているように見えます。これをPhotoshopの「生成塗りつぶし」で補う方法をお話しします。

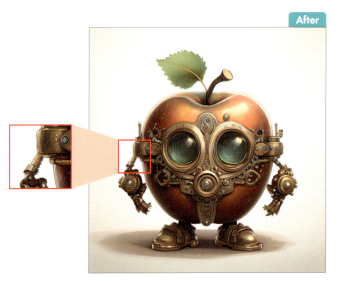

❶ 追加したい部分を選択する

Photoshopでの画像生成後、ツールバーから「なげなわツール」を選択し、生成したい部分を囲みます。なお、選択方法は「なげなわツール」以外でも構いません。

② 生成塗りつぶしを実行

コンテキストタスクバーの「生成塗りつぶし」ボタンをクリックし、プロンプトはなにも入力せずに「生成」ボタンをクリックします。

③ 生成結果から1つを選択

プロパティパネルに3つの候補が表示されるので、気に入ったものを選びましょう。気に入ったものがなければ、再度「生成」ボタンをクリックすることで新たなバリエーションが生成されます。

● 複数の生成結果のパーツを合成する

キャラクターを生成する際、「フォルムは気に入らないけど顔はかわいい…」など、画像の一部分を気に入ることもあるでしょう。この場合は画像を保存しておいて、複数のパーツを組み合わせて理想のキャラクターを作り上げるのもおすすめです。ここでは、P155で取り上げた「ポイント３：パーツを抜き出して合成」のキャラクターを例に、筆者が行ったレタッチの詳細をご紹介します。

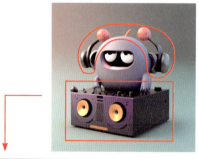

❶のキャラクターを調整

❶のキャラクターに❷のヘッドフォンと❸のDJブースを合成していきます。まずは❶の身体と顔を使うための準備をします。❶の画像をPhotoshopで開き、ツールバーから「なげなわツール」を選択し、ヘッドフォンとDJブースをそれぞれ囲みます。次に、コンテキストタスクバーの「生成塗りつぶし」をボタンをクリックし、プロンプトはなにも入力せずに「生成」ボタンをクリックすると体部分だけが残ります。このあと、同様の方法でキャラクターの目を整えました。

❷ ヘッドフォンをペースト

❷のヘッドフォンを「なげなわツール」で囲ってコピーします。❷と❶では体の向きが違うのでヘッドフォンを反転し、❶の画像にペーストします。

❸ ヘッドフォンをレタッチ

向かって左側のパッドが少し欠けており、向かって右側のパッドは耳当ての形が気になります。そこで、これらを❶の手順と同じように「生成塗りつぶし」で削除します。また手元のリアル感も気になったので、同じ方法で手をシンプルな形にしています。

❹ DJブースをペースト

❸のDJブースを「なげなわツール」で囲ってコピーします。❸と❶では体の向きが違うのでDJブースを反転し、❶の画像にペーストします。

❺ DJブースをレタッチ

今回はなるべくシンプルなイメージに仕上げたいので、DJブースの柄やボタンなどの細かい部分を「生成塗りつぶし」で削除します。おおよその形が整ったら、ヘッドフォンにある余計な飾りやDJブースとキャラクターが触れている部分など、細かい箇所も「生成塗りつぶし」で調整したら完成です。

Illustratorでのレタッチ手順を紹介

　Illustratorの「生成ベクター」で生成されたキャラクターはパスで描かれており、不要なオブジェクトを削除したり、新しい要素を描き足したり、色を調整したりといったことが容易です。生成された結果が100%理想的でなくても、お気に入りの結果を修正することでブラッシュアップしやすいでしょう。さらに、別に生成したキャラクターの要素を簡単に組み合わせたり、キャラクターのポーズを変更するといったことも可能です。ここで、筆者のレタッチ例を見ていきましょう。

● **キャラクターを生成**

Beforeでは、Illustratorの「生成ベクター」で「りんごのクリーチャー　シンプルな　ゆるキャラ　背景は白」というプロンプトでキャラクターを生成し、これをレタッチしたものがAfterです。不要な要素を削除したほか、描き足し、ほかの生成キャラからの部分差し替え、色調整、ポーズ替えを行いましたが、いずれも短時間でできました。

① 不要なオブジェクトを削除

余計なハイライト部分、歯、地面に落ちた影などを選択して削除しました。

② オブジェクトを追加

影とハイライトを「楕円形ツール」で新たに追加しました。

③ 別に生成したものと組み合わせる

葉の描画がほかの箇所より細かいのが気になるので❶、もう少しシンプルな葉にします。新たにりんごのキャラクターを生成したなかから理想に近い葉をコピーして❷、元画像の葉を削除してペーストしました❸。

④ 色味を調整

差し替えた葉の色調は、黄色味が強めの生き生きした色味に、口の色は目や手の色と同じ紺色に、それぞれ変更しました。

⑤ ポーズを調整

ポーズに躍動感をつけていきます。左手と体にそれぞれ「パペットワープツール」を用いることで、ポーズを変更しました。

Column

Adobe Expressを使って
デザインをもっと楽しもう！

Adobe ExpressではFireflyを使って画像生成ができるほか、簡単な操作でSNS投稿用画像やチラシなどを作ることが可能です。ここでは、Adobe Expressの使い方に軽く触れつつ、Fireflyと組み合わせてどんなことに活用できるのか例をお話しします。

チラシデザインにキャラクターを挿入！

Adobe Expressにはチラシやポスターのデザインに使えるテンプレートが用意されており、好きなものを選んで細かい部分を変更することが可能です。今回は街おこしプロジェクトを周知するためのデザインを探し、地域の魅力を発信するマスコットキャラクターも生成。よりプロジェクトに興味を持ってもらえるようデザインに加えました。

① テンプレートを選択

Adobe Expressのテンプレートのなかから、これから作成するポスターのイメージやレイアウトに適したものを選び、デザインを作成していきます。

② テンプレートを編集

写真やテキストを置き換え、カラーイメージも編集していきます。

③ キャラクターを生成

プロンプト
キャラクター
魅力を発信する
かわいい
背景はシンプル
3Dレンダー

「画像を生成」でプロンプトを入力し、いわゆる"ゆるキャラ"風のマスコットキャラクターを作ります。

④ デザインに組み込む

生成したキャラクター画像がデザインに馴染むよう、メニューから「背景を削除」を選び、背景を消して組み込みました。キャラクターが挿入されることで、親しみのあるデザインになりました。

生成したキャラクターでグッズを作成！

一部条件がありますが、Adobe Expressで作ったデザインは商用利用することも可能です[※1]。そこで、今回はオリジナルグッズとしてTシャツを作ってみます。デザインのメインになるイラストやキャラクターを生成し、文字を入れてデザインを完成させ、ダウンロードしてグッズ印刷へと使用します。

1 テキストを入力

新規ファイルを作って、文字を入力していきます。メインタイトル、サブタイトルをそれぞれ入力し、好みのフォントを選んでデザインを整えました。なお、背景色は「塗りつぶしなし」を選択して透過しておくとグッズを印刷するのに便利です。また今回はファイルのサイズを4500×5400pxにしていますが、Tシャツを制作する会社の規定によって適宜調整してください。

2 イラストを生成

プロンプト
三匹のプレーリードッグ立ち上がっている

「画像を生成」で、プロンプトを入力し、プレイリードッグのイラストを生成しました。

3 デザインに組み込む

黒やグレーのTシャツに配置するときに違和感が出ないようにするために「背景を削除」で透過します。さらに気になる箇所があれば「消しゴム」で削除しましょう。

4 デザインに組み込む

「ダウンロード」ボタンをクリックし、ダイアログで「ファイル形式」→「透過PNG（画像に最適）」を選択し、「ダウンロード」ボタンをクリックします。

5 入稿してグッズにする

ダウンロードしたデザインを入稿し、Tシャツにして販売しました。

※1　https://www.adobe.com/jp/express/learn/blog/commercial-use

生成したキャラクターを動かして動画を作成！

Adobe Expressにはアニメーション機能があり、オブジェクトを動かした様子を動画として保存できます。今回は、くらげのキャラクターを生成して、SNSに投稿できるムービーを作成しました。通常、アニメーションの作成や動画制作には時間と手間がかかることが多いですが、Adobe Expressではこれを短時間で効率よく行うことができます。さらに、音声やBGMも簡単に追加できるため、完成度の高いコンテンツ制作が可能です。

① ファイルを作り、キャラクターを生成

プロンプト
かわいい
キャラクター
背景はシンプル
3Dレンダー
くらげ

新規ファイルを作成し、「画像を生成」でくらげのキャラクターを作ります。今回はInstagramストーリーズに適したサイズにしていますが、目的に合わせたサイズで作成してください。

② 背景を削除

動きをわかりやすくするため「背景を削除」で切り抜きます。

③ デザインを整える

背景やデザイン素材、テキストを追加してデザインを整えます。

④ アニメーションを挿入

「アニメーション」メニューに数多くのモーションが用意されており、今回は「波乗り」を選びます。速度や強度を調整し、好みの動き方に仕上げましょう。

⑤ BGMを挿入

最終的にBGMを挿入して完成させました。「ダウンロード」から「ファイル形式」→「MP4（動画、オーディオ、アニメーション向け）」を選んでダウンロードしてください。

Part 6

Firefly以外の
AI機能

パパ

がレクチャー！

ここまでFireflyを使ったテクニックを挙げてきましたが、ここではFireflyと合わせて活用したいAI機能についてお話しします。たとえば被写体の選択範囲を作るのに役立つ機能や、複雑な背景に馴染ませるレタッチ機能など、作業の時間短縮やクリエイティブのアイディアを広げる用途に役立つものを多数取り上げます。

Part 6

新機能「削除ツール」で周囲と馴染ませながらレタッチ

AIを活用した修復系ツール「削除ツール」を使って、眉毛を自然に整えるレタッチ方法を解説しつつ、従来からあった「スポット修復ブラシツール」との違いや使い分けについてもお話しします。

1 「削除ツール」を選択

Photoshopで画像を開き、ツールバーから「削除ツール」を選択します。

2 設定を変更

ブラシサイズや細かい挙動を設定します。ここでは、オプションバーからブラシのサイズを150にして❶、「全レイヤーを対象」と「各ストローク後に削除」にチェックを入れます❷。

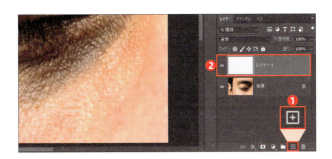

③ 新規レイヤーを作成

非破壊編集（元の画像データを上書きをせずに画像を編集すること）を行う準備をします。「レイヤー」パネル下部にある新規レイヤーのアイコンをクリックし❶、新規レイヤーを作成します❷。

④ 不要な部分を削除

新規レイヤーが選択されていることを確認したら、眉毛が不要な部分を塗りつぶすか、ドラッグして囲むことで眉毛が自然に削除されます。

Note
「スポット修復ブラシツール」との違いは？

「削除ツール」と「スポット修復ブラシツール」は一見よく似た機能ですが、「削除ツール」のほうが周囲と馴染むように不要なオブジェクトを削除できます。一方の「スポット修復ブラシツール」は小さなニキビなど、シンプルかつ小さなものを削除するのが得意かつ処理が速いのが特徴です。右の図は「スポット修復ブラシツール」で眉毛を処理したもの。機能の差がわかっていただけるのではないでしょうか。

Part 6

2 「オブジェクト選択ツール」で オブジェクトを素早く選択

「オブジェクト選択ツール」は、画像内のオブジェクトを自動で認識して選択範囲を作る機能です。これを使って森を紅葉させる方法を例に、画像内のオブジェクトを素早く選択してレタッチする方法を解説します。

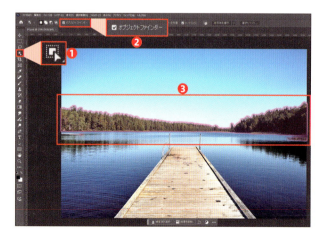

1 ツールを選択

Photoshopで画像を開き、ツールバーから「オブジェクト選択ツール」を選択します❶。このとき、オプションバーの「オブジェクトファインダー」にチェックが入っていると❷、画像内のオブジェクトが自動で認識され、オブジェクトにマウスカーソルを合わせるとピンク色にハイライトされます❸。

2 選択範囲を作る

クリックすると選択範囲が作成されるので、ここでは木々を選択します。

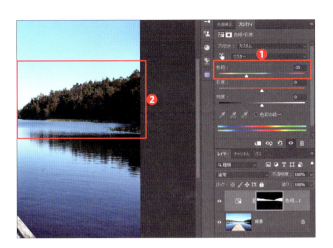

③ 木の色合いを変更

「レイヤー」パネル下の「調整レイヤー」アイコンをクリックします。調整レイヤーの「色相彩度」を選択し、プロパティパネルから「色相」の数値を-35にします❶。こうすることで、木々の色が紅葉したような色に変化します❷。

④ 湖を選択

ここからは、湖をもう少し明るい印象にします。画像内の川にマウスカーソルを合わせると、ピンク色にハイライトされるので、クリックして選択範囲を作成します。

⑤ 調整レイヤーを作成

「レイヤー」パネル下の「調整レイヤー」アイコンをクリックし、「トーンカーブ」を選択します。

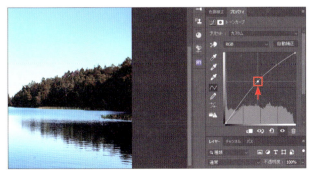

⑥ 湖を明るくする

プロパティパネル内のグラフ中央を上にドラッグして、湖を明るく補正すると完成です。

適用後に設定を再編集できる「スマートフィルター」を使いこなす

スマートオブジェクトにフィルターや色調補正などを適用すると「スマートフィルター」が作成されます。通常のレイヤーにフィルターをかけた場合はフィルターの数値や設定をあとから変更できませんが、スマートフィルターであれば設定をあとから変更することが可能です。スマートフィルターを利用してボケ感を演出する方法を例に、使い方を解説します。

1 スマートオブジェクトに変換

Photoshopで画像を開き、レイヤーを右クリックして「スマートオブジェクトに変換」を選択します。

2 「ぼかし(ガウス)」をかける

メニューバーの「フィルター」→「ぼかし(ガウス)」を選択し、ダイアログを表示します。ここでは、半径を30pixelにして「OK」をクリックします。

③ 「ぼかし(ガウス)」を一部分削除

スマートオブジェクトに「ぼかし(ガウス)」をかけたことで、スマートフィルターが作成されました。これを選択した状態で「ブラシツール」を使って猫の部分を黒く塗ると、その部分だけ「ぼかし(ガウス)」の効果が隠れます。なお、ここではブラシの直径を1500pixel、硬さを0にしています。

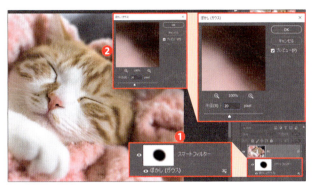

④ 「ぼかし(ガウス)」の強さを再調整

スマートフィルターをダブルクリックすることで、数値などの設定を再編集できます。ここでは、「レイヤー」パネルから「ぼかし(ガウス)」をダブルクリックし❶、「ぼかし(ガウス)」の半径を20Pixelに再設定しています❷。

Note
フィルターの並び順によっても結果が変わる！

スマートフィルターには、複数のフィルターや色調補正などを適用できます。適用したフィルターをドラッグすることで順番を入れ替えられ、適用する順番によって結果が変わってきます。

● (上から)明るさ・コントラスト→カラーバランス→色相彩度

● (上から)色相彩度→明るさ・コントラスト→カラーバランス

劣化を抑えながら画像の解像度を大きくする

画像を拡大するときにAIが新たにピクセルを生成する「再サンプル」機能を使って、劣化を極力抑えながら画像の解像度を上げる方法を解説します。画像をスマートオブジェクトに変換して拡大する操作との違いについても触れていきます。

1 「画像解像度」を選択

Photoshopで画像を開き、メニューバーの「イメージ」→「画像解像度」を選択してダイアログを表示させます。

2 サイズを変更

書き出すサイズを設定します。このとき、リンクアイコンがオンになっていると比率が自動で保たれます。なお、今回は幅500×高さ503pixelの画像を幅2000×高さ2012pixelに変更しています。

③ 「再サンプル」を設定

幅と高さの設定の下にある「再サンプル」にチェックを入れ、「ディテールを保持2.0」を選択します。「ディテールを保持2.0」は、画像を大きくした際にAIが新たにピクセルを生成する機能です。

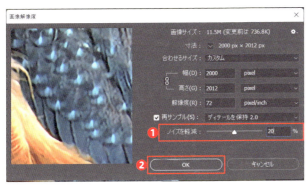

④ ノイズを抑える

解像度を上げるとノイズが発生しやすいので、「ノイズを軽減」の数値を20%まで上げておきます❶。このあと「OK」を押すと、画像が幅2000×高さ2012pixelになります❷。

Note

スマートオブジェクトに変換するのとどう違う？

　画像を劣化させずに拡大縮小するには、レイヤーをスマートオブジェクトに変換することも有効ですが、「ディテールを保持2.0」のように画質の劣化を補えるわけではありません。スマートオブジェクトと「画像解像度」それぞれで画像を拡大したものを比較してみると、「画像解像度」のほうがエッジがきれいかつ劣化が抑えられていることがわかります。

「レイヤーを自動合成」で2枚の写真を自然に合成

「レイヤーを自動合成」というAI機能を使うと、2枚の写真を自然に合成できます。ここでは、人物の顔を差し替えるレタッチを例に機能の使い方を解説します。

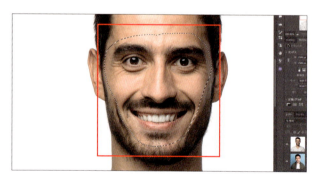

1 選択範囲を作成

Photoshopでプロジェクトを作成し、体を利用する人物を下のレイヤー、顔を利用する人物を上のレイヤーとして配置します。このあと、ツールバーから「なげなわツール」を選択し、フリーハンドで顔の部分をドラッグして大きめの選択範囲を作ります。

2 マスクで顔を切り取る

上のレイヤーを選択し、「レイヤー」パネル下部にある「レイヤーマスク」アイコンをクリックして選択範囲部分を切り取ります❶。レイヤーマスクを選択し❷、右クリックで「レイヤーマスクを適用」をクリックします❸。

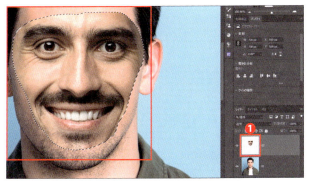

③ 顔の選択範囲を作る

［Mac：command、Windows：Ctrl］を押しながら上のレイヤーのサムネイルをクリックすると、切り抜いた部分が自動選択されます❶。次に、メニューバーの「選択範囲」→「選択範囲を変更」→「縮小」をクリックします。「縮小量」は20pixelに設定し、OKをクリックします❷。

④ 人物の顔を削除

選択範囲ができたら、下のレイヤーを選択した状態で「消しゴムツール」などで顔部分を削除し、［Mac：command＋D、Windows：Ctrl＋D］で選択範囲を解除します。

⑤「レイヤーを自動合成」を選択

2つのレイヤーを同時に選択します。次に、メニューバーの「編集」→「レイヤーを自動合成」を選択してダイアログを表示します。

⑥「パノラマ」で合成

「合成方法」をパノラマにして、「シームレスなトーンとカラー」「コンテンツに応じた塗りつぶしを透明な領域に適用」のチェックボックスをオンした状態で「OK」を押せば完成です。

Part 6

6 「空を置き換え」で空模様を簡単に差し替える

アドビが提供するAI機能の1つである「空を置き換え」を使うことで、空模様を簡単に差し替えることが可能です。デフォルトで用意された空の画像を利用する手順と合わせ、自身で用意した空模様を適用する方法もお話しします。

❶「空を置き換え」を選択

Photoshopで画像を開き、メニューバーの「編集」→「空を置き換え」を選択してダイアログを表示します。

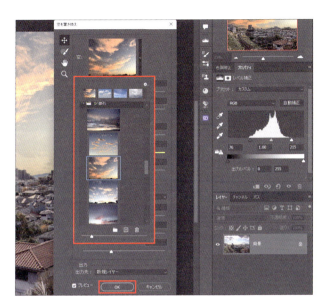

② 差し替える空を選択

ダイアログの「空」から差し替えたい空模様を選択して「OK」を押すと、選択したものに自動で置き換わります。

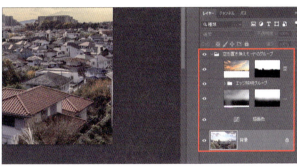

③ 再編集したいときは？

空が置き換わるの当時に、空以外の部分もトーンが馴染むように自動で調整されます。また、「空を置き換え」は調整レイヤーとして処理されるので、あとからほかの空模様を選ぶなど再編集することが可能です。

Note
デフォルトの空模様以外も適用できる！

「空を置き換え」ダイアログの「空：」という文字の横にあるプレビュー画面をクリックすると、右上に歯車のアイコンが表示されます。これを押して「他の空を取得」を選ぶことで空模様をインポートすることが可能です。「画像を読み込み」で任意の画像を選んでインポートできるほか、「無料の空をダウンロード」ではアドビが用意したプリセットをダウンロードでき、「プリセットを読み込み」で読み込めます。

「空を置き換え」と一緒に
周囲のトーンを調整してよりリアルに

「空を置き換え」を使うことで、空以外のトーンも馴染ませることができますが、画像によっては手動でのレタッチが必要な場合もあります。ここではその実例とレタッチの方法を見てみます。

①「空を置き換え」を選択

Photoshopで画像を開き、メニューバーの「編集」→「空を置き換え」を選択してダイアログを表示します。

② 差し替える空を選択

ダイアログの「空」から差し替える空を選択して「OK」を押すと、選択した空に自動で置き換わります。

③ 仕上がりを確認

空が置き換わると、空以外のトーンも調整されます。しかし、この写真の場合、本来であれば空の色合いが海に反射してもっと暗い色になるため違和感があります。

④ 海の色を馴染ませる

ここからは海のトーンを馴染ませていきます。「レイヤー」パネル下の「調整レイヤー」アイコンから「レンズフィルター」を選択します。

⑤ 色を調整

プロパティパネルからフィルター「Warming Filter(85)」を選択し、適用量を70%にして海の色を変更します。ほかにも同じようにレタッチする方法はありますが、「レンズフィルター」は直感的でコントロールもわかりやすいので使ってみるとよいでしょう。

AIを活用した調整機能 「ニューラルフィルター」を使いこなす

「ニューラルフィルター」とは？

　Photoshopには、AIを活用した「ニューラルフィルター」という機能があります。合計12種類のフィルターが用意されており、元画像に対してピクセルを生成することで、これまで時間のかかっていた処理を簡単に実行できます。

　たとえば、以下の写真はニューラルフィルター「風景ミキサー」を適用した様子。プリセットの風景から適用したいものを選び、効果の強度などの設定を調整するだけで街並みを瞬時に変化させることが可能です。このように、ニューラルフィルターは簡単な操作で画像の印象を変えられるのが特徴です。

ニューラルフィルターの基本的な使い方

① メニューバーの「フィルター」→「ニューラルフィルター」を選ぶと「ニューラルフィルター」パネルが表示され、ここからフィルターを選んで適用できます。パネル下部には「出力」プルダウンがあり、適用するレイヤーを「現在のレイヤー」「新規レイヤー」「マスクされた新規レイヤー」「スマートフィルター」「新規ドキュメント」から選択できます。

② パネル左下にはアイコンが2つ並んでおり、左のアイコンをクリックするとフィルター適用前／適用後を比較できます。

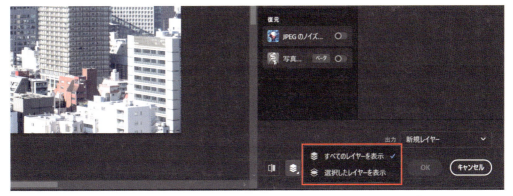

③ パネル左下にはアイコンが2つ並んでおり、右のアイコンをクリックすると、レイヤーの表示方法を「すべてのレイヤーを表示」か「選択したレイヤーの表示」から選ぶことができます。

ニューラルフィルター「肌をスムーズに」

「ニューラルフィルター」の「肌をスムーズに」は、文字どおり肌補正を行えるフィルターです。肌のキメを潰さず自然に補正できるので、まずはこの機能を使い、それでも気になる箇所があれば細かくレタッチするとよいでしょう。

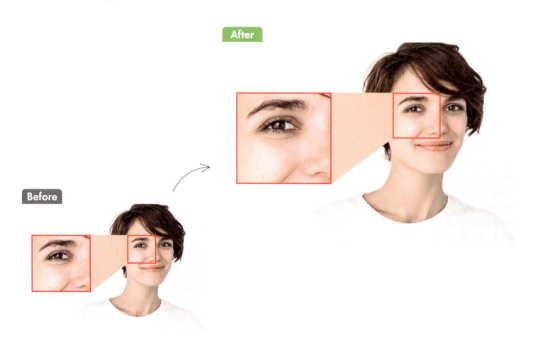

❶「肌をスムーズに」を選択

Photoshopで画像を開き、メニューバーの「フィルター」→「ニューラルフィルター」を選択し、「ニューラルフィルター」を開きます。「肌をスムーズに」のフィルターを選択するだけで、人物の肌が自動的に補正されます。

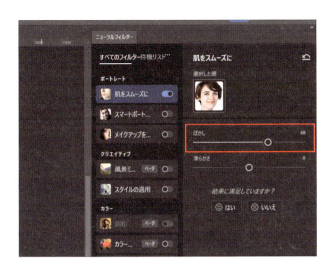

❷ 肌の補正具合を調整

パネル内のスライダ「ぼかし」「滑らかさ」で補正具合を調整できます。「ぼかし」は肌の細かなディテールをぼかしてソフトで均一な肌を表現し、「滑らかさ」は肌のトーンや色のムラを整えて滑らかに見せる効果があります。

❸ 「出力」の種類を決める

調整した結果に問題がなければ、「出力」で出力方法を選びましょう。ここでは「マスクされた新規レイヤー」を選択します。

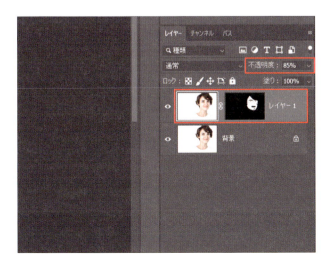

❹ 処理後のレイヤーを確認

「マスクされた新規レイヤー」を選ぶと、補正された部分のみマスクされた別レイヤーで出力されます。このレイヤーの不透明度を下げることで効果を弱めることも可能です。

ニューラルフィルター「スマートポートレート」

「スマートポートレート」には「笑顔」「年齢」「髪の量」「目の方向」などのスライダがあり、これらを調節することで表情や年齢の印象、光の向きなどを変更できます。ただし、選択する項目によっては画像が破綻してしまうケースもあるので注意しましょう。

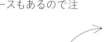

① 人物を笑顔にする

Photoshopで画像を開き、「ニューラルフィルター」の「スマートポートレート」を選びます。表情については「笑顔」「驚き」「怒り」といった項目が用意されており、ここでは「笑顔」のスライダを最大まで上げています。

② 人物の年齢を変える

次に「年齢」スライダを最大まで上げてみます。スライダを上げるほど髪の量感が変わる、髪が白くなるなどの変化があります。

③ 顔や光の向きを変える

「グローバル」では、人物の顔の向きや光が当たる向きを変更できます。ここでは「照明の向き」を＋50にしており、もともと左頬に強めに落ちていた影がやや柔らかい印象になりました。

ニューラルフィルター「メイクアップを適用」

「メイクアップを適用」は、指定した画像を参照してメイクを施すことができるフィルターです。目元や口元の印象を手軽に変化できますが、色味が目元や口元からはみ出したり、色味が少し濃かったりすることがあるため、「マスクされた新規レイヤー」で出力して微調整を加えるのがおすすめです。

① 効果を適用する画像を選ぶ

メイクを施したい人が写っている画像を開き、「ニューラルフィルター」→「メイクアップを適用」を選択します。パネルから「画像を選択」プルダウンを開いて「コンピューターから画像を選択」を選びます。

② 参照画像を指定

メイクを参照したい画像をフォルダから開き、「この画像を使用」をクリックすると元画像に反映されます。

③ 必要であればレタッチをする

「出力」を「マスクされた新規レイヤー」にして「OK」を押して出力しましょう。たとえば色味が目元や口元からはみ出している場合、出力したレイヤーのレイヤーマスクを「描画色：黒」にして「ブラシツール」で塗るなどの方法で調整します。

ニューラルフィルター「風景ミキサー」

「風景ミキサー」は、2枚の風景画像をミックスして1枚の画像を作る機能です。このようにビル群を荒廃したジャングルのような印象にしたり、公園を氷河期のように氷漬けにする、青々とした森を冬らしい風景にするなど、さまざまな効果を適用できます。

①「風景ミキサー」を選択

Photoshopで画像を開き、「ニューラルフィルター」→「風景ミキサー」を選びます。

② ビル群をジャングルに

パネルの「プリセット」でデフォルトで用意された写真を選ぶか、「カスタム」で任意の画像を読み込みます。ここでは、「プリセット」でジャングルの画像を選択します。

③ スライダを調整

パネルには「強さ」「昼」「夜」「春」「夏」などのスライダが用意されています。今回は「強さ」を80に下げ、ジャングルの要素を少し落として完成にします。

ニューラルフィルター「スタイルの適用」

Fireflyで「テキストから画像生成」などのオプション項目として選択できる「スタイル参照」のようなニューラルフィルターが「スタイルの適用」です。デフォルトで用意された画像や自身で用意した画像のスタイルを適用することで、元画像を絵画風のタッチにすることが可能です。

① 「スタイルの適用」を選択

Photoshopで画像を開き、「ニューラルフィルター」から「スタイルの適用」を選択します。

② 写真を絵画風に

パネルの「プリセット」からデフォルトで用意された画像を選ぶか、「カスタム」で任意の画像を読み込みます。ここでは、「プリセット」からスタイルを選択します。

③ スライダを調整

パネルには「強さ」「スタイルの不透明度」「ディテール」などのスライダが用意されています。今回は「強さ」を10に下げて、スタイルを適用する度合いを弱めます。また「カラーを保持」にチェックを入れると、元画像の色味を維持しながらスタイルを適用できます。

ニューラルフィルター「調和」

「調和」を使うことで、2枚の画像のトーンを簡単に馴染ませることができます。背景と人物を合成するとき、背景と商品写真を合成するときなど、さまざまなシーンで活用しましょう。

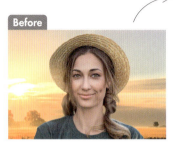
Before

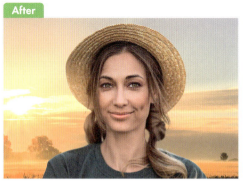
After

❶「調和」を選択する

「調和」は2枚の画像のトーンを馴染ませる機能のため、まずはトーンを変更したい画像とトーンを参照したい画像を開きます。今回は上のレイヤーにある人物を、下のレイヤーの背景の色に馴染ませます。人物のレイヤーを選択した状態で、メニューバーの「フィルター」→「ニューラルフィルター」→「調和」を選択します。

❷ 参照するレイヤーを選択

パネルの「参照画像」から背景のレイヤーを選択します。すると処理が始まり、人物が背景のトーンと馴染みます。

❸ 強度や色味を調整

画像によっては色が強く乗りすぎてしまうこともあるので、必要に応じてスライダで強さや色を調整しましょう。今回は顔に乗った色味が少々強いように感じたので、「強さ」を下げて完成にします。

ニューラルフィルター「カラーの適用」

「カラーの適用」では、任意の画像に別の画像の色味を適用することができます。色調や明るさが似ている画像を適用すると、より自然で美しい仕上がりになるケースが多いです。

❶「カラーの適用」を選択

Photoshopで画像を開き、メニューバーの「フィルター」→「ニューラルフィルター」→「カラーの適用」を選択します。

❷ 参照するレイヤーを選択

パネルの「プリセット」からデフォルトで用意された画像を選ぶか、「カスタム」で任意の画像を読み込みます。ここでは「プリセット」に用意されているものを選択します。

❸ 輝度や彩度を調整

必要に応じて「輝度」「カラーの強さ」「彩度」スライダを調整します。また「輝度を保持」にチェックを入れるほうが自然な結果になることが多く、この例でも適用しています。

ニューラルフィルター「カラー化」

「カラー化」を適用すると、モノクロの写真や色が褪せた写真、特殊なライティングで色が強く乗っている写真などをワンクリックで自然な色味に調整できます。手元にある古い写真のデジタル化、色が強く乗った画像を本来のトーンで使用したいケースなどで活用できるでしょう。

❶「カラー化」を選択

Photoshopで画像を開き、メニューバーの「フィルター」→「ニューラルフィルター」→「カラー化」を選択すると、すぐにフィルターが適用されます。

❷ カラーを調整

各スライダで彩度やカラーを調整できます。ここでは彩度を+5します。

❸ ノイズを軽減

「カラーノイズの軽減」「ノイズの軽減」スライダでノイズを軽減できます。ここでは「ノイズの軽減」を20にします。

ニューラルフィルター「スーパーズーム」

「スーパーズーム」は、画像をズームインして切り抜き、ピクセルを生成して補うことで解像度低下を補正する機能です。画像の一部をトリミングして使いたいけど解像度が心配というときに試してみましょう。

①「スーパーズーム」を選択

Photoshopで画像を開き、メニューバーの「フィルター」→「ニューラルフィルター」→「スーパーズーム」を選択します。

② 画像を拡大

パネルの「ドラッグして画像のフレームを変更」の下にプレビューが表示されます。これをドラッグすることでズームする箇所を調整できるほか、虫眼鏡のアイコンをクリックすると画像の拡大・縮小を行えます。

③ ノイズを軽減

画像を切り取って拡大する性質上、ピクセルが生成されてもノイズが乗るケースもあります。これを軽減するには「画像のディテールを強調」「ノイズの軽減」「顔のディテールを強調」といった機能を活用しましょう。ここでは、「画像のディテールを強調」にチェックを入れ、「ノイズの軽減」スライダを10まで上げています。

ニューラルフィルター「深度ぼかし」

「深度ぼかし」は、近景もしくは遠景にボケを作ることができる機能です。主題を際立たせて遠近感を強調できるので、人物写真から風景写真まで幅広く活用できるでしょう。

① 「深度ぼかし」を選択

Photoshopで画像を開き、メニューバーの「フィルター」→「ニューラルフィルター」→「深度ぼかし」を選択します。

② 焦点を調整

パネルのプレビュー画面をクリックすることで焦点を調整でき、「被写体にフォーカス」にチェックを入れると自動で被写体を判断してピントを合わせてくれます。

③ かすみを追加

ボケ感を調整する「ぼかしの強さ」「かすみ」、色味を調整する「温度」「色かぶり補正」などのスライダが用意されているので、必要に応じて適用しましょう。今回は「かすみ」のスライダを30に、色温度を+25にします。

ニューラルフィルター「JPEGのノイズを削除」

JPEG形式は比較的ファイルサイズが軽いのが特徴ですが、JPEG形式は容量を軽くするために画像が圧縮されるためノイズが生じやすいです。このような場合に「JPEGのノイズを削除」が役立ちますが、ニューラルフィルターのなかでも「JPEGのノイズを削除」は処理が重いことは覚えておきましょう。

❶「JPEGのノイズを削除」を選択

Photoshopで画像を開き、メニューバーの「フィルター」→「ニューラルフィルター」→「JPEGのノイズを削除」のフィルターを選択します。すると、自動的に処理が始まります。

❷ 処理の強さを変更

処理の強さを「低」「中」「高」から選択できます。「高」にいくほどノイズの除去が強力になり、よりクリアで滑らかな結果が得られます。ただし処理が重くなるほか、細部のディテールが失われる可能性があることに注意しましょう。

ニューラルフィルター「写真を復元」

「写真を復元」を使うと、簡単に写真の傷を修復したり、コントラストを強めたりすることが可能です。紙焼きの古い写真やフィルム写真をパソコンに取り込んだ際に使ってみるのがおすすめです。

① 「写真を復元」を選択

Photoshopで画像を開き、メニューバーの「フィルター」→「ニューラルフィルター」→「写真を復元」を選択すると、自動で処理が始まります。

② 写真の傷を修復

「写真の強調」でコントラストを強める強度を、「スクラッチの軽減」で傷を修復する強度を調整できます。今回は「スクラッチの軽減」を70にします。

③ ノイズを軽減

パネルの「調整」からさまざまな種類のノイズを軽減できます。「ノイズの軽減」「カラーノイズの軽減」「ハーフトーンのノイズの軽減」「JPEGのノイズの軽減」という項目が用意されており、今回は「ノイズの軽減」を30まで上げて完成とします。

「オブジェクトを一括選択」で複数のロゴマークを一括編集

Illustratorの「オブジェクトを一括選択」機能を使うことで、同じ形のオブジェクトを一括で選択して編集することが可能です。同じ形のものすべてを選択できるほか、同じ形かつ色が同じものに絞って選択することも可能です。

❶ 同じロゴをすべて選択

Illustratorでドキュメントを開き、ロゴをクリックして選択したあと❶、パネルから「オブジェクトを一括選択」をクリックします❷。すると、同じ形のロゴがすべて選択されます。

❷ 特定のロゴを除外

[shift]を押しながらクリックしたものは選択が解除されます。ここでは、左下の大きいロゴの選択を解除します。

❸ ロゴの角度を一括で変更

ロゴの角度を一括で変えていきます。まず、ツールバーから「回転ツール」を選択します❶。[shift]を押しながらドラッグして90度回転させると、選択中のほかのロゴも90度回転します❷。

❹ 選択を解除

編集が終わったら、「オブジェクトを選択解除」を押して選択を解除します。

❺ 白いロゴを選択

ここからは、同じ形かつ色も同じロゴだけを選択する方法を解説します。まず、ツールバーから「移動ツール」を選択し、白いロゴを1つクリックして選択します。

❻ 「アピアランス」にチェック

「オブジェクトを一括選択」プルダウンを押し、「アピアランス」にチェックを入れます。

❼ 白いロゴを一括選択

「オブジェクトを一括選択」を押すと、白いロゴだけが選択されます。

❽ 角度を一括変更

ロゴの角度を一括で変えていきます。まず、ツールバーから「回転ツール」を選択します❶。[shift]を押しながらドラッグして90度回転させると、選択中のほかのロゴも90度回転します❷。編集が終わったら、「オブジェクトを選択解除」を押せば完成です。

Note
角度以外も一括で変更できる！

「オブジェクトの一括編集」は、例に挙げた角度の変更のほか、アンカーポイントの移動、色の変更なども一括で行えます。右の図は、ロゴを一括で選択して色を変更した例です。

著者紹介

北沢直樹

キャラクターデザイナー／イラストレーター。独自の世界観で描くキャラクターと、かわいいに特化したイラストが得意。アーティスト／タレントのキャラクター制作、「ONE PIECE」「攻殻機動隊S.A.C」などIPキャラのデフォルメワーク、またゲーム「真型メダロット」では全キャラクターのデザインを担当。テレビ番組、新聞をはじめとしたメディア系のイラストレーション、ロゴデザインも多数。

SNS
X（旧Twitter）：@naoki_kitazawa
Instagram：@naoki_kitazawa
Webサイト：https://naokikitazawa.com/

コネクリ

Webデザイナーとしてキャリアをスタートして、スマートフォンの台頭によりUI/UX・ゲームデザインを担当。現在はインハウス寄りのアートディレクター兼デザイナー。自社・受託ともにWeb、アプリ、グラフィック、ゲームの実績多数。個人サイト（CONNECRE）やSNSにて、Photoshop、Illustrator、Fireflyの作例を発信中！

SNS
X（旧Twitter）：@connecre_
Instagram：@connecre_
YouTube：@connecre
Webサイト：https://connecre.com/

タマケン

フリーランスデザイナーとして、グラフィックデザイン、広告、Webデザインを中心に、多岐にわたるプロジェクトを手掛ける。自身のSNSやブログを通じて、デザインのコツやテクニックをショート動画などで積極的に発信しており、SNSの総フォロワーは20万人以上。Adobe Japan プレリースアドバイザーとしても活動中。

SNS
X(旧Twitter)：@DesignSpot_Jap
Instagram：@DesignSpot_Japan
YouTube：@design_spot
Webサイト：https://design-spot.jp/

パパ

SNSを中心にPhotoshopのメイキングやチュートリアルを発信するフリーランスのクリエイター。複数の写真を組み合わせるフォトマニュピレーションの動画は200万回再生を超え、YouTube登録者数は約11万人、Xのフォロワーは約7万人。講師や書籍執筆、セミナー、メディアを通じて「作る楽しさ」を伝え、アドビ公認クリエイター・Adobe Community EvangelistとしてPhotoshopの魅力を広める活動も行っている。

SNS
X(旧Twitter)：@StudioT_ppp
Instagram：@papa_otosanswitch
YouTube：@papa_Photoshop
Webサイト：https://www.gloox-pp.com/

■ STAFF

ブックデザイン…… 三宮 暁子（Highcolor）
DTP………………… 富 宗治
編集担当…………… 塚本 七海

Photoshop ＆ Illustrator × Adobe Firefly
"プロの現場"で使えるテクニック

2024年11月28日　初版第1刷発行

著者	北沢 直樹、コネクリ、タマケン、パパ
発行者	角竹 輝紀
発行所	株式会社マイナビ出版
	〒101-0003　東京都千代田区一ツ橋 2-6-3 一ツ橋ビル 2F
	TEL：0480-38-6872（注文専用ダイヤル）
	TEL：03-3556-2731（販売）
	TEL：03-3556-2736（編集）
	編集問い合わせ先：pc-books@mynavi.jp
	URL：https://book.mynavi.jp
印刷・製本	シナノ印刷株式会社

©2024 北沢 直樹、コネクリ、タマケン、パパ, Printed in Japan.
ISBN：978-4-8399-8711-4

- 定価はカバーに記載してあります。
- 乱丁・落丁についてのお問い合わせは、
  TEL：0480-38-6872（注文専用ダイヤル）、電子メール：sas@mynavi.jp までお願いいたします。
- 本書掲載内容の無断転載を禁じます。
- 本書は著作権法上の保護を受けています。
  本書の無断複写・複製（コピー、スキャン、デジタル化等）は、著作権法上の例外を除き、禁じられています。
- 本書についてご質問等ございましたら、マイナビ出版の下記URLよりお問い合わせください。
  お電話でのご質問は受け付けておりません。また、本書の内容以外のご質問についてもご対応できません。
  https://book.mynavi.jp/inquiry_list/